エクセル自動化

VBA サンプル 100

うこ

URA

技術評論社

はじめに

Excelのプログラミングは怖くない！

プログラミング、と聞くと、難しくて自分の手には負えないと思ってしまう方も多いかもしれません。たしかに日常で使われているさまざまなシステムは、専門の知識がなければ、何がどんなしくみで動いているかのイメージすらも、難しいものです。

しかしExcelだったら、どうでしょう？　どのシートのどのセルに、どんなデータを入力したいのか、作業を具体的にイメージすることはできますよね。

本書では、そんな手作業を、それぞれ自動の命令に置き換える書き方を紹介しています。一つ一つは単純なものばかりなので、それらに少しの変更を加えたり、切り貼りして組み合わせたりして、理想の作業を作り上げましょう。

7章までがリボンに登録されている基本的な機能を、8章以降ではよりプログラミングらしく、文法を使った書き方を紹介しています。

順番を意識して組み合わせ＆カスタマイズしよう

ExcelではＶＢＡというプログラミング言語を使い、この言語で書かれた機能をマクロと呼びます。まずは２３０ページ以降のAppendixを参考に、サンプルファイルの使い方やプログラムの実行方法を確認してください。

本文では、基本的に１つのセクションで１つの動作を紹介しています。各ページの「ここをコピって書き換えよう」と見比べながら、セル範囲やシートの名前、変更する内容などを書き換えて、自分の環境で使える形にしてみてください。

慣れてきたら、いろんな動作をコピー＆ペーストして組み合わせましょう。プログラムは、上から下へ順番に実行されるので、次にしたい動作を、その動作の下の行へコピペして、どんな動きになるか確かめます。「できた！」の積み重ねで、プログラミングを楽しんでいただけたら嬉しく思います。

今村ゆうこ

Contents

Contents

Chapter 6

オブジェクトの操作

Chapter 7

ファイルの操作

Contents

Appendix A サンプルファイルの使い方

[サンプルデータダウンロード]

本書内で解説しているサンプルは以下のURLからダウンロードできます。

サンプルファイルの利用方法は230ページを参照してください。

https://gihyo.jp/book/2023/978-4-297-13312-2/support

[免責]

本書に記載された内容は、情報の提供のみを目的としています。したがって、本書を用いた運用は、必ずお客様自身の責任と判断によって行ってください。これらの情報の運用の結果について、技術評論社および著者はいかなる責任も負いません。

本書記載の情報は、2023年1月現在のものを掲載していますので、ご利用時には、変更されている場合もあります。

また、本書はWindows 11とExcel 2021を使って作成されており、ソフトウェアはバージョンアップされる場合があり、本書での説明とは機能内容や画面図などが異なってしまうこともあり得ます。本書ご購入の前に、必ずバージョンをご確認ください。OSやソフトウェアのバージョンが異なることを理由とする、本書の返本、交換および返金には応じられませんので、あらかじめご了承ください。

以上の注意事項をご承諾いただいた上で、本書をご利用願います。

[商標・登録商標について]

本書に記載した会社名、プログラム名、システム名などは、米国およびその他の国における登録商標または商標です。本文中では™、Ⓡマークは明記しておりません。

Chapter 1

セルの操作

Section 001

値の入力

●まずはここから　基本中の基本

プログラムを使うと、どんな場面で便利なのでしょうか？　**実感できるのは、毎日同じ作業をする場面や、大量にあるデータを一度に処理する場面**です。かんたんな作業も量が多ければ多いほど、自動化してしまえば、あっという間に終わるのでメリットが感じられます。

左ページのプログラムは、A1セルに今日の日付を、A2セルに名前を入力するプログラムです。ＶＢＡでは、プログラムの1つのまとまりを「プロシージャ」と呼び、「Sub ～ End Sub」で囲まれている部分を指します。命令文（コード）は、その中に書きます。

「Range("A1").Value」は「A1セルの値」という意味で、間をつないでいるイコールは、「等しい」という意味を持つ記号（比較演算子）ではありません。**このイコールは代入演算子といい、右辺の値を左辺に「入れる」意味**となります。実行すると、A1セルにその日の日付が、A2セルに「佐藤」という文字が代入されます。ＶＢＡ上では、文字列は「"」で囲まないと認識できないので、注意してください。

▼プログラム

```
Sub sample001()
    Range("A1").Value = Date
    Range("A2").Value = "佐藤"
End Sub
```

現在の日付を入力する（Range("A1").Value = Date）

名前を入力する（Range("A2").Value = "佐藤"）

プロシージャ（Sub～End Subで囲まれているプログラムのかたまり）

実行結果

	A	B
1		
2		

	A	B
1	2023/1/1	
2	佐藤	

値が入力された

ここをコピって書き換えよう

```
Range("A1").Value = Date
```

"A1"：セルの位置

Date：入力する内容

One Point

- Dateは実行したときの日付を取得する関数です。
- 「佐藤」のような文字列は「"」（ダブルクォーテーション）で囲むのを忘れないようにしましょう。

Section 002

切り取りと貼り付け

●セルの値を移動させる

「セルのデータを違う場所へ移したい」、そんな場面はたくさんありますよね。手動だったらマウスの右クリックメニューからもできますし、Ctrl＋X＆Ctrl＋Vのキーボードショートカットでも同じ動作ができます。

VBAでこの操作をするには、**切り取るセルと貼り付けるセル、両方の場所を指定**します。セルを指定してから、**切り取りは「.Cut」（カット）、貼り付けは「.Paste」（ペースト）**で行います。**セルを指定するには、「Range」のかっこ内に、「" "」で囲んでセル番地を記述**します。よって、「Range("A2")」でA2セルが指定できるのです。この部分を書き換えることで、セルの指定が自在に行えます。

また、切り取りからの貼り付けは、いったん貼り付ける場所を「.Select」（選択）してから貼り付けを行うのが特徴です。

▼プログラム

```
Sub sample002()
  Range("A1").Cut
  Range("A2").Select
  ActiveSheet.Paste
End Sub
```

- Range("A1").Cut：切り取り
- Range("A2").Select：貼り付ける場所を選択
- ActiveSheet.Paste：貼り付け

実行結果

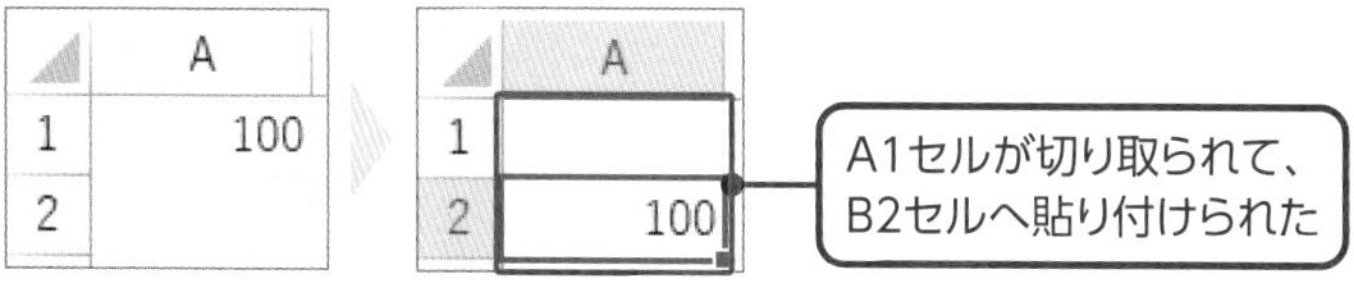

ここをコピって書き換えよう

```
Range("A1").Cut
Range("A2").Select
```

- "A1"：切り取りするセル
- "A2"：貼り付けるセル

One Point

- Range("○○")の○○部分がセルの番地です。
- Rangeから始まっている部分は「ActiveSheet.Range("○○")」の略です。

Section

003 コピーと貼り付け

「形式を選択して貼り付け」で可能性が広がる

セルのコピー＆ペースト、これもよく使いますね。手動でも、マウスの右クリックメニューから、または Ctrl ＋ C ＆ Ctrl ＋ V のキーボードショートカットでかんたんにできます。

コピー＆ペーストの操作では、切り取りのときとは違って、貼り付けのときに「形式を選択して貼り付け」機能があるのはご存知でしょうか？　もちろんこの機能もＶＢＡで書くことができます。

切り取りのときの貼り付けとは少し違って、**「Range("セル番地").PasteSpecial Paste:=形式の種類」と書くことで、指定の場所と形式を1行で指定して貼り付け**ます。サンプルの「Range("A2").PasteSpecial Paste:=xlPasteValues」はA2セルに値のみを貼り付けるというプログラムになります。

形式は、書式や罫線を含まない「値のみ」や、逆に値を含まない「書式のみ」、「数式のみ」など、たくさんのパターンが指定できます。左ページで挙げている形式のほかにもたくさん種類があるので、調べてみてください。

▼プログラム

```
Sub sample003()
  Range("A1").Copy
  Range("A2").PasteSpecial Paste:=xlPasteValues
End Sub
```

コピー

形式を選択して貼り付け

実行結果

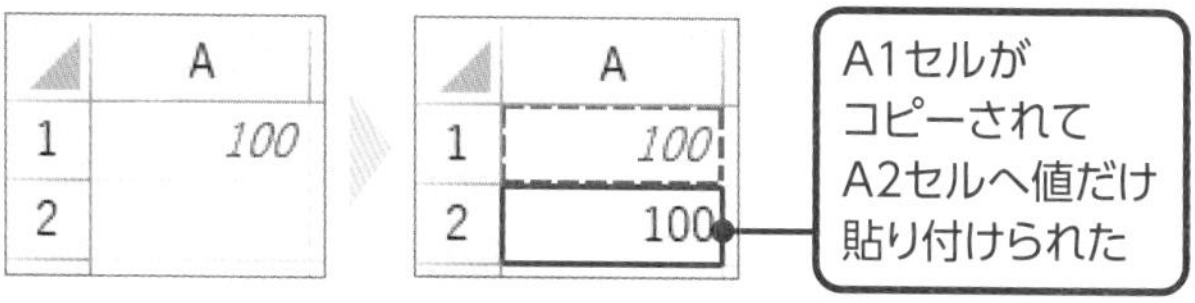

ここをコピって書き換えよう

```
Range("A1").Copy
Range("A2").PasteSpecial Paste:=xlPasteValues
```

コピーするセル

貼り付けるセル

貼り付ける形式

One Point

➔ 貼り付ける形式は以下のように指定します。

種類	内容
xlPasteAll	すべて貼り付け
xlPasteValues	値のみ貼り付け
xlPasteFormats	書式のみ貼り付け
xlPasteFormulas	数式のみ貼り付け

Section 004

セルの挿入

●好きな場所にセルを割り込ませる

すでに内容の入っているシートだけど、この部分に1つだけセルを割り込ませたい、そんな場面もありますよね。セルを割り込ませることを「挿入」と呼び、VBAでは**「Range("挿入位置").Insert Shift:= 移動する方向」**と書きます。挿入位置は、「"A1"」のような単一セルでも、「"A1:A3"」のように複数のセル範囲でも指定することもできます。**挿入する際には、現状のセルを下方向か右方向、どちらに動かすかの指定も同時に行いましょう**。省略することもできますが、自動判定となるので、意図しない方向に動いてしまう可能性があります。移動の方向は、下方向は「xlDown」、右方向は「xlToRight」で、右には「To」がつくことにご注意ください。

ちなみに、「Range("○○").Copy」（16ページ参照）をしてから「Range("○○").Insert」を行うと、コピーしたセルを挿入することができます。実行後、コピー元のセルに点滅する枠線が残るのが気になる場合、最後に「Application.CutCopyMode = False」（コピーモード解除）という1行も加えておくとよいでしょう。

▼プログラム

```
Sub sample004()
  Range("A1").Insert Shift:=xlDown
End Sub
```

実行結果

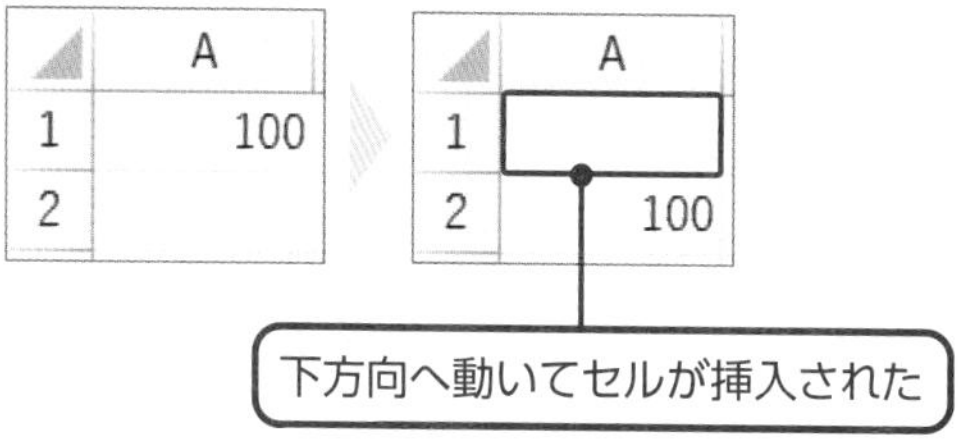

ここをコピって書き換えよう

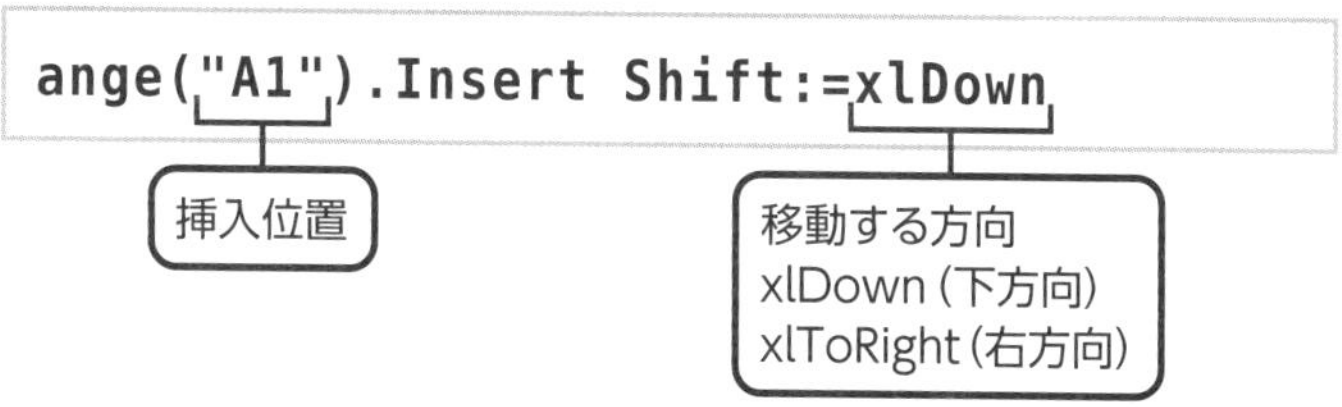

One Point

「Shift:=xlDown / xlToRight」は省略できますが、省略すると、移動する方向が自動判定になるので注意しましょう。

Section 005

セルの削除

削除して周りのセルを詰める

作業後に不要になったエリアを失くして、周りのセルを左や上へ詰めたい場面では、**「Range("削除位置").Delete Shift:= 移動する方向」**と書きます。これで、セルの削除を行うことができます。セルを残して内容のみをクリアする方法は別のプログラムになるので、22ページを参照してください。削除する位置は「"A1"」のような単一セルでも、「"A1:A3"」のように複数のセル範囲を指定することもできます。

挿入のときと同じように、現状のセルを上方向か左方向、どちらに動かすかの指定も同時に行いましょう。省略してもプログラムは動作しますが、自動判定となるので、意図しない方向に既存のセルが動いてしまう可能性があります。移動の方向は、上方向は「xlUp」、左方向は「xlToLeft」で、挿入同様、左には「To」がつくことに注意してください。

セルの削除によってレイアウトが変わると、周辺の書式や罫線がズレて表がガタガタになってしまうこともありますので、削除後の形をよく検討してから利用しましょう。

▼プログラム

```
Sub sample005()
  Range("A1").Delete Shift:=xlUp
End Sub
```

実行結果

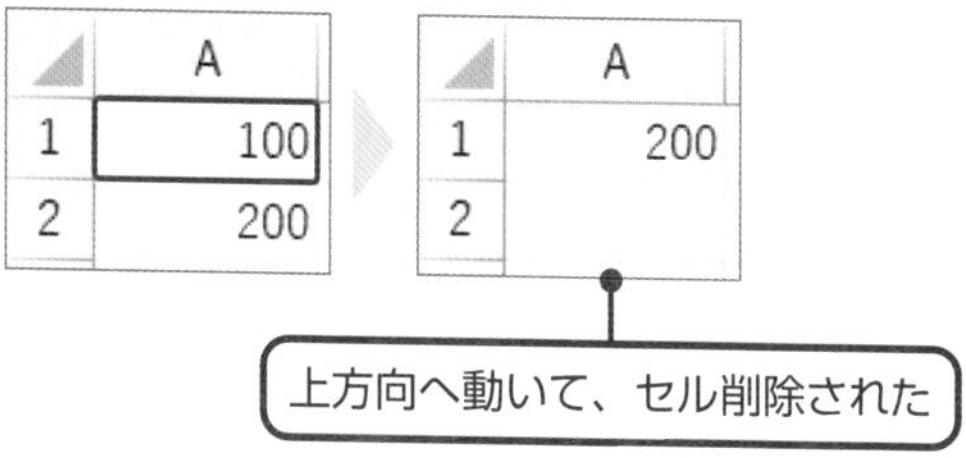

ここをコピって書き換えよう

```
Range("A1").Delete Shift:=xlUp
```

"A1"：削除位置

xlUp：移動する方向
xlUp（上方向）
xlToLeft（左方向）

One Point

「Shift:=xlUp / xlToLeft」は省略できますが、省略すると、移動する方向は自動判定になるので注意しましょう。

Section 006

セルのクリア

●いろんな種類の「クリア」ができる

セルの内容だけを削除したい場面で使うのは、セルの「クリア」です。一言で「クリア」といってもその内容はさまざまで、いくつも種類があります。もっともシンプルな「.Clear」は、セル内容の値、文字色や背景色などの書式などすべてを削除し、初期状態にします。

キーボードの Delete キーを押したときと同様に、色などの書式は残して値や数式のみを削除したい場合は、「.ClearContents」を選択してください。特定の文字や数値で書式が変化するような書式設定があるエリアでは、こちらを使うと便利です。

ほかにも、「ClearFormats」（書式のみ削除）や「ClearComments」（メモのみ削除）、「ClearHyperlinks」（ハイパーリンクのみ削除）などの書き方もできるので、用途に合わせてその場に適したものを選択しましょう。

なお、セル自体を削除して周辺のセルを詰める方法は20ページを参照してください。

▼プログラム

```
Sub sample006()
  Range("A1").Clear
End Sub
```

セルの内容を削除する

実行結果

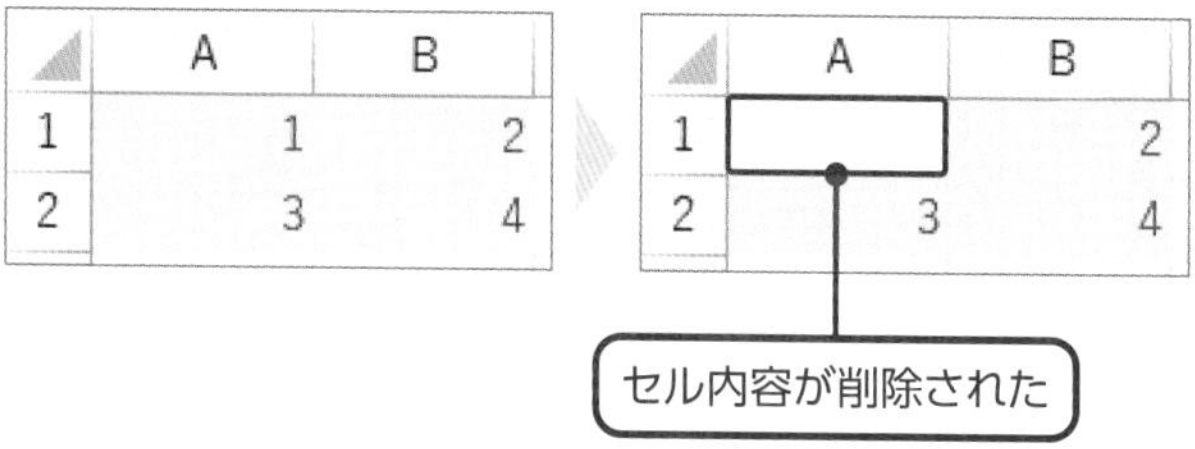

ここをコピって書き換えよう

```
Range("○○").Clear
```

削除したい内容に合わせたClearの種類

One Point

➔ Clearには以下の種類があります。

種類	内容
Clear	値、書式、コメントなどすべて削除(初期化)
ClearContents	値の削除
ClearFormats	書式の削除
ClearComments	メモの削除

Section

007 行や列の挿入

●縦横のライン単位で割り込ませる

セルのような単一や特定範囲の挿入だけでなく、縦横の1ラインをまるごと挿入することもできます。Excelにおいて、行は横のライン、列は縦のラインを表しますが、どっちがどっちかわからなくなりがちですよね。漢字を思い浮かべて、「行」「列」の右側の二本線の向きで覚えるのがおすすめです。

英語で、行は「Row」（ロウ）、列は「Column」（カラム）と書きます。AからC列を指定したい場合、「Columns("A:C")」と書きます。行でも同じことができますが、中に「:」（コロン）が入る場合は、「"」（ダブルクォーテーション）が必要になるので、「Rows("1:3")」のように囲むのを忘れないようにしてください。「Rows(5).Copy」してから「Rows(5).Insert」のようにすると、書式や数式もコピーされた状態で挿入できます。

なお、**行や列の挿入の場合、行は下へ移動、列は右へ移動と決まっているので、移動する方向は指定しなくても大丈夫**です。

▼プログラム

```
Sub sample007()
  Rows(1).Insert
  Columns("A").Insert
End Sub
```

行の挿入

列の挿入

実行結果

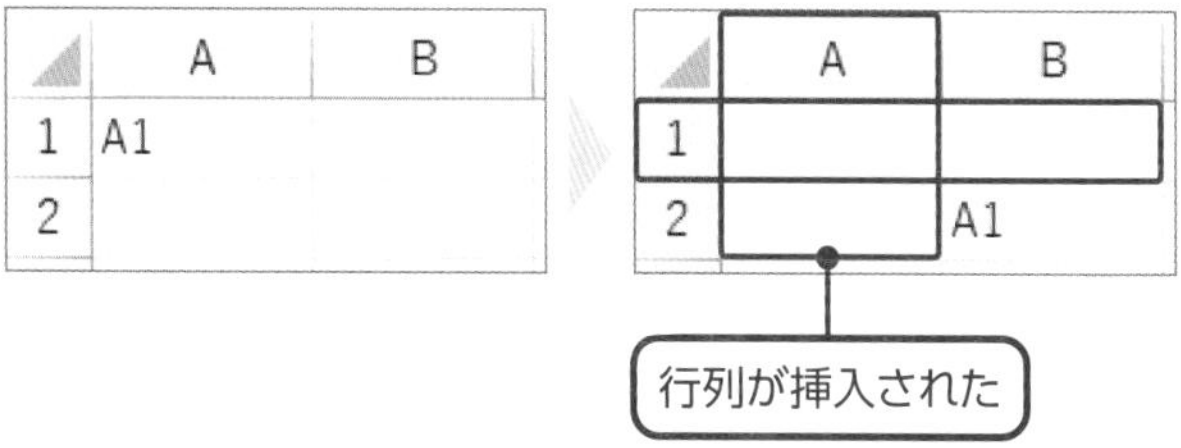

ここをコピって書き換えよう

```
Rows(1).Insert
Columns("A").Insert
```

行（横のライン）の位置を指定

列（縦のライン）の位置を指定

One Point

- 「"A:C"」のように複数列の指定もできます。
- 複数行で「"1:3"」とするときは「"」で囲むのを忘れてはいけません。

Section 008

行や列の削除

縦横のライン単位で削除して詰める

用意した罫線や書式に対してデータが少なかった場面などでは、「Rows(1). Delete」「Columns("A"). Delete」と書いて行や列単位で削除するとよいでしょう。複数列を対象にする場合、「Columns("A:C")」のように、複数行の場合は、Rows("1:3")」のように書きます。中に「:」（コロン）が入る場合は、「"」（ダブルクォーテーション）で囲むのを忘れないようにしてください。行や列の削除後、**行は上へ移動、列は左へ移動と決まっている**ので、移動する方向を指定する必要はありません。

ちなみに、列の指定は「Columns("A")」を「Columns(1)」と数値で指定することもできます。列はExcel上ではアルファベットで表記されているのでＡＢＣのほうがわかりやすそうですが、数値で指定できるということは、計算した値を使えるというメリットがあります。

なお、複数行は「Rows("1:3")」と書けますが、複数列は「Columns("1:3")」では認識されません。複数列を数値で指定する場合、「Range(Columns(1), Columns(3))」となります。

▼プログラム

```
Sub sample008()
  Rows(1).Delete
  Columns("A").Delete
End Sub
```


実行結果

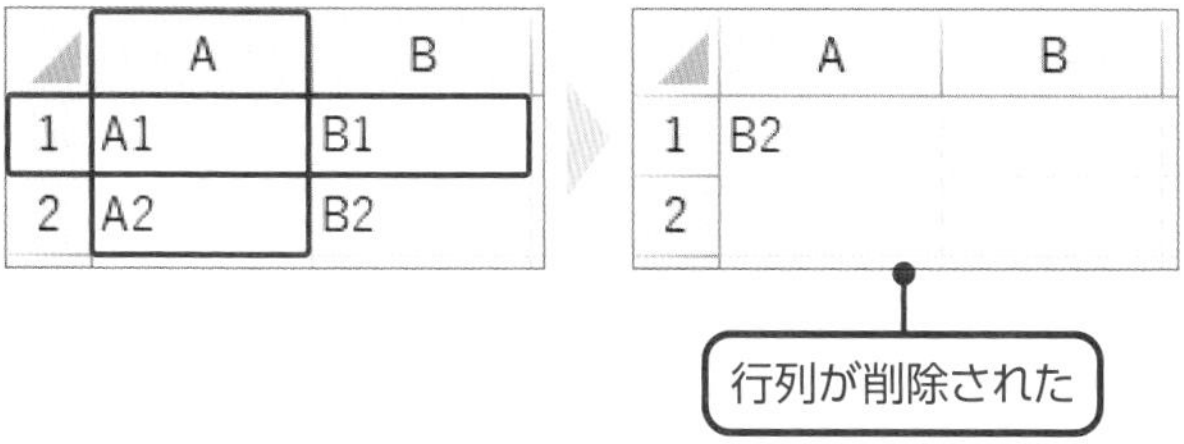

ここをコピって書き換えよう

```
Rows(1).Delete
Columns("A").Delete
```


One Point

- 「"A:C"」のように複数列の指定もできます。
- 複数行で「"1:3"」とするときは「"」で囲むのを忘れてはいけません。

Section 009

行高や列幅の変更

マス目の大きさを変更する

大きな数や長い文字列などを収めるために、セルの幅を広げたい場合もありますよね。見出しなどでフォントが大きかったら縦に広げるケースもありそうです。

セルの縦横の大きさは、行や列の単位で、行高や列幅を数値で指定します。ただし、行高と列幅で数値の単位が違うことを知っておきましょう。

行高は「pt」（ポイント）という単位で指定します。それに対して、列幅の単位は「文字数」です。標準に設定されているフォントとサイズで、半角数字の「0」の横幅が単位になっています。「5」ならば0が5つ入る大きさ、ということですね。この単位の違いを抑えておかないと、同じ数なのにどうしてタテヨコで大きさが違うの？と思ってしまいますよね。

また、セルの内容に合わせて自動調整にしたい場合、「Rows(1).AutoFit」「Columns("A").AutoFit」と書きます。イコールと数値は必要ありません。

▼プログラム

```
Sub sample009()
  Rows(1).RowHeight = 10
  Columns("A").ColumnWidth = 5
End Sub
```

指定行の高さを変更

指定列の幅を変更

実行結果

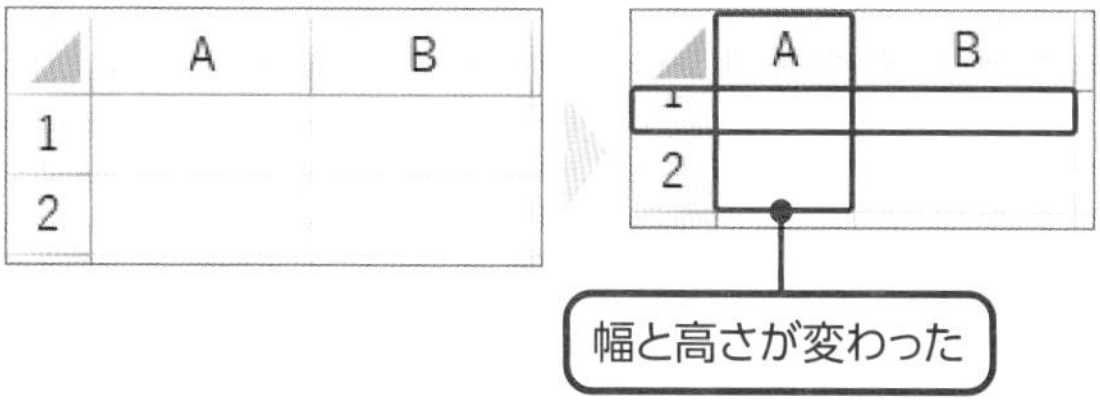

ここをコピって書き換えよう

```
Rows(1).RowHeight = 10
Columns("A").ColumnWidth = 5
```

高さ

行の位置

列の位置

幅

One Point

高さと幅は単位が違って、大きさが違うので注意してください。同じ数値の場合、列幅のほうが大きくなります。

Section 010

行や列の非表示

特定のデータだけ表示や印刷したいときに

行や列を選択して右クリックで表示されるメニューから「非表示」をクリックすると、該当の行や列が表示されなくなります。「非表示」状態になっている行や列はユーザーに見えなくなり、印刷もされません。削除とは違って、隠れているだけで存在しているので、元に戻すのがかんたんで、非表示のセルの値を計算などに利用することもできます。

これはＶＢＡでは「Rows(1).Hidden = True」「Columns("A").Hidden = True」と書きます。**行や列に対して「.Hidden」（隠された）という属性を「True」（有効）または「False」（無効）にすることで表示と非表示を切り替え**ます。

ちなみに、行や列を非表示にするのは、行高や列幅をゼロにしても可能です。どちらの方法を使っても同じ結果が得られます。

▼プログラム

```
Sub sample010()
  Rows(1).Hidden = True
  Columns("A").Hidden = True
End Sub
```

Rows(1).Hidden = True → 行を非表示にする
Columns("A").Hidden = True → 列を非表示にする

実行結果

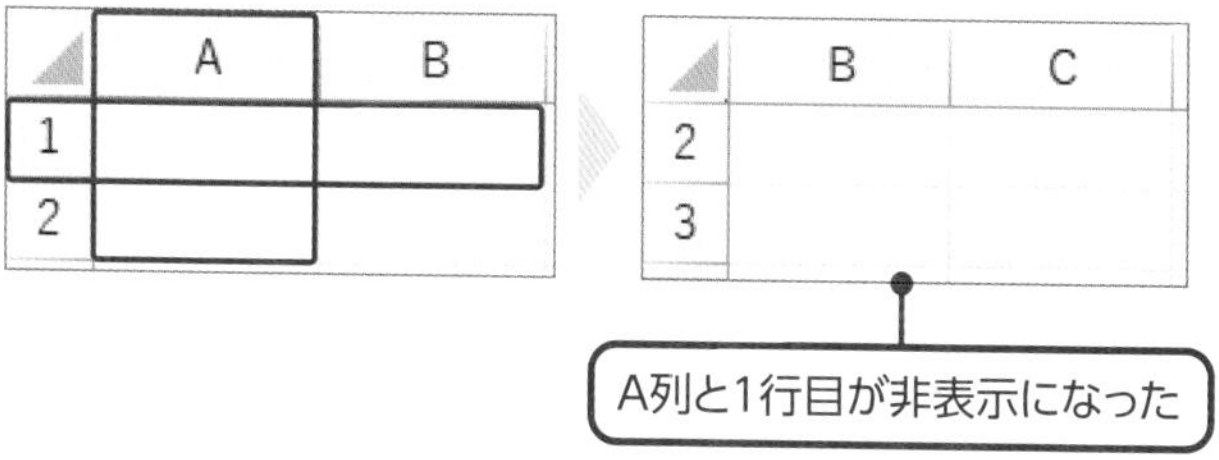

ここをコピって書き換えよう

```
Rows(1).Hidden = True
Columns("A").Hidden = True
```

- Rows(1) の 1 … 行の位置
- Rows(1).Hidden = True の True … True（有効）/False（無効）
- Columns("A") の "A" … 列の位置
- Columns("A").Hidden = True の True … True（有効）/False（無効）

One Point

➔ 元に戻す（表示させる）には「False」（無効）に設定します。

Section 011

行列のグループ化

折り畳みと展開がかんたんにできる

表としては必要だけれど注目度の低い詳細部分は折り畳んでおいて、必要があれば展開して閲覧したい、そんな場合には「行列のグループ化」を使いましょう。１５０ページのような図形や画像をひとまとまりにするのとは違って、特定の行または列を、「折り畳み」「展開」できる構造にします。行列の「非表示」（30ページ参照）に似ていますが、設定するとシートの上部や左部にグループ化の領域が表示されるので、「+」「-」ボタンのクリックで折り畳みや展開ができるようになります。

ＶＢＡでは**「Columns("B:C").Group」**のように記述し、実行します。解除は「Columns("B:C").Ungroup」で行えますが、その範囲があらかじめグループ化されていなかった場合、エラーになってしまうので、「Columns("B:C").ClearOutline」という書き方だとグループの有無に関係なく解除できます。範囲を指定せず「Columns.ClearOutline」と書けば、グループが複数あっても、選択しているシートの列全体のグループをすべて解除することができます。行の場合は「Columns」を「Rows」に書き換えてください。

▼プログラム

```
Sub sample011()
  Columns("B:C").Group
  ActiveSheet.Outline.ShowLevels columnLevels:=1
End Sub
```

グループ化

折り畳む（1階層レベルを指定）

実行結果

	A	B	C	D
1	名称	数値1	数値2	合計
2	A	10	10	20
3	B	20	20	40
4	C	30	30	60

	A	D
1	名称	合計
2	A	20
3	B	40
4	C	60

グループ化されて折り畳まれた

ここをコピって書き換えよう

```
Columns("B:C").Group
ActiveSheet.Outline.ShowLevels columnLevels:=1
```

範囲（行なら数値）

列→Columns
行→Rows

列→column
行→row

One Point

➔ グループ化したあと、折り畳まなくてもよい場合、3行目の階層レベルを指定する記述は不要です。

Column

ブックとシートが省略されている

ExcelVBAでは、「Range("A1").Value」や「Rows(1).Insert」や「Columns("A").Delete」のように、セル、行、列に対して操作を行うことが多いですね。実はこのプログラムには「どこの」セル、列、行なのかが省略されています。

何も書かれていない場合、アクティブシート（現在選択されているシート）が対象になります。シートの前に何も書かれていない場合は、アクティブワークブック（一番前面にあるブック）が対象です。

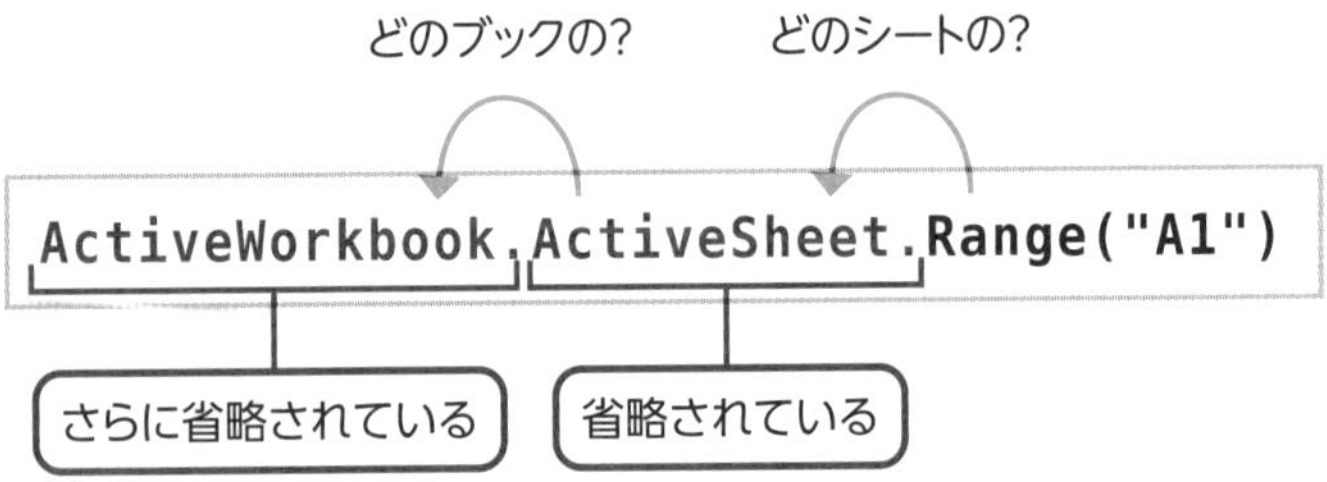

Chapter

2

書式の操作

Section 012

フォントの変更

●文字を変えると印象が変わる

エクセル資料において、フォントの種類を変えると、資料の印象を変えることできます。現在のバージョンでは「遊ゴシック」がデフォルトの場合が多く見られますが、たとえば「遊明朝」などの明朝系のフォントは、紙に印刷したときに読みやすいフォントです。表の補足事項など、比較的長い文章を読ませる部分などに有効です。

このような文字の種類を変更するには、VBAでは**「.Font.Name」（フォントの名前）と書いて指定**します。フォントにはたくさんの種類がありますが、1文字でも間違えてしまうと適用できないので、Excelの**リボンに表示されているフォント名をコピーして、VBEに貼り付けると、間違いがない**のでおすすめです。

また、フォントはパソコンによってインストールされている種類が異なります。プログラムで指定してあっても、そのパソコンに存在しないフォントは適用できません。別のパソコンでも同じプログラムを使う可能性がある場合、Windowsパソコンに標準で入っているフォントである「MS ○○」と書かれているものを指定すると安心です。

▼プログラム

```
Sub sample012()
  Range("A1").Font.Name = "ＭＳ Ｐゴシック"
End Sub
```

実行結果

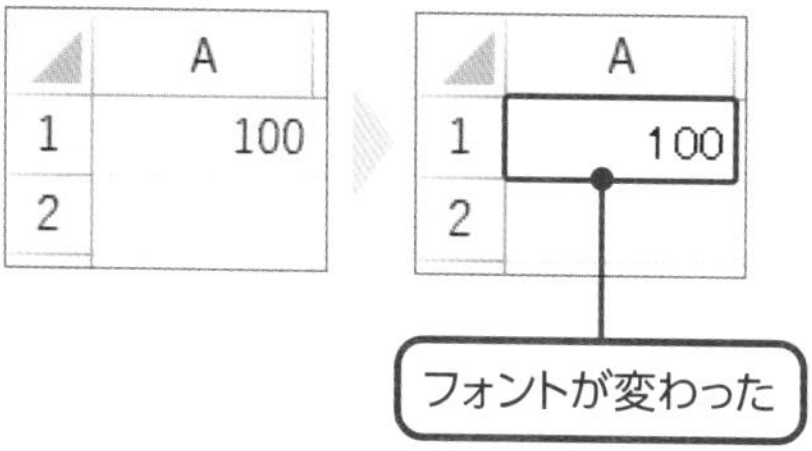

ここをコピって書き換えよう

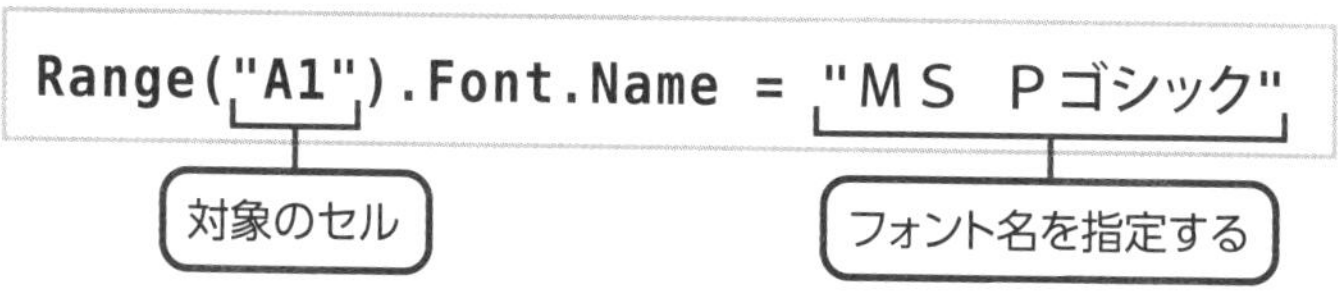

One Point

フォント名はリボンからコピーするのがおすすめです。

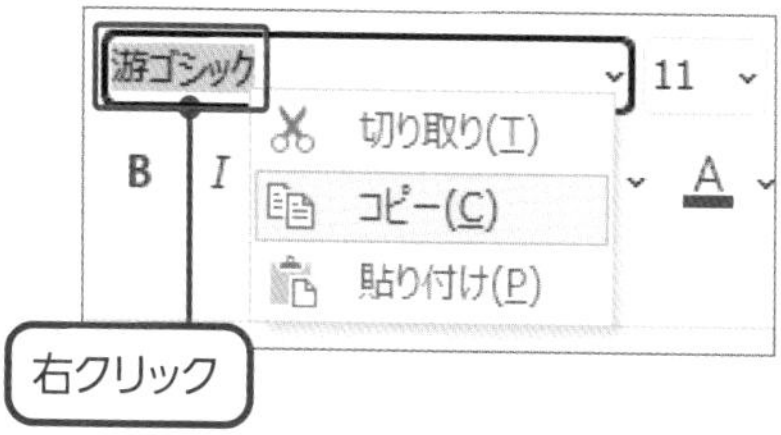

Section 013

文字の大きさの変更

文字の大きさでメリハリをつける

見やすいデータを作るために、見出しは大きく、本文は標準サイズ、詳細データは小さく、などの工夫を加えると、資料がより読みやすくなります。

文字の大きさは、「.Font.Size」（フォントサイズ）で指定します。リボンで数値を大きくすると文字が大きくなるのと同じく、ＶＢＡでも数値の大きさで文字サイズを変更することができます。文字を小さくしすぎると印刷しても読みにくくなってしまうので、リボンに用意されている一番小さな数の「6」を限度にしておくのがよいでしょう。

なお、範囲の指定は「Range("A1")」と書くとA1セルのみに適用されますが、複数セル範囲を指定したい場合、「Range("A1:A2")」、行単位ならば「Rows(1)」のように書くこともできます。

▼プログラム

```
Sub sample013()
  Range("A1").Font.Size = 24
End Sub
```

実行結果

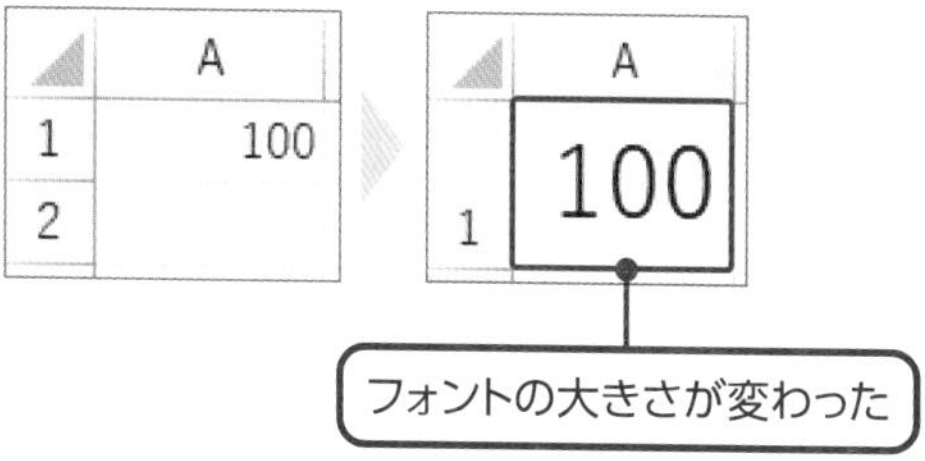

ここをコピって書き換えよう

```
Range("A1").Font.Size = 24
```

数値を指定する

One Point

- 数値は半角英数で書きます。
- 数値が大きくなると、文字サイズも大きくなります。

Section 014

文字スタイルの変更

●伝えたいことを強調する

太字や下線などで一部を強調すると、人の目線はそちらへ誘導されます。ここでは文字スタイルの変更方法を見てみましょう。

フォントの種類や大きさなどもそうでしたが、文字に関することは、「対象のセル.Font.○○」と書きます。フォントには設定できる要素がたくさんあり、文字スタイルもその中の1つです。**太字の設定は「.Font.Bold」（ボールド）、斜体は「.Font.Italic」（イタリック）、そして下線は「.Font.Underline」（アンダーライン）**と書きます。

設定の仕方が少し違って、太字（Bold）と斜体（Italic）はTrueとFalseでオンとオフを切り替えますが、下線（Underline）は「xlUnderlineStyleSingle」（一重）、「xlUnderlineStyleDouble」（二重）または「xlUnderlineStyleNone」（なし）のいずれかから指定して変更します。

▼プログラム

```
Sub sample014()
  Range("A1").Font.Bold = True
  Range("A1").Font.Underline = xlUnderlineStyleSingle
End Sub
```

太字

下線

実行結果

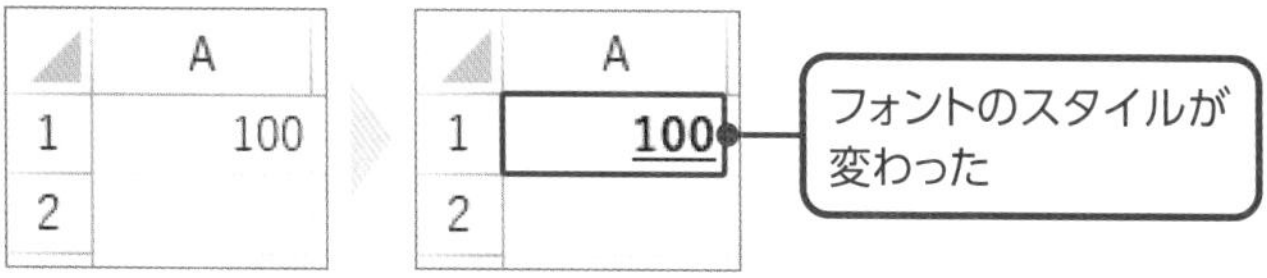

ここをコピって書き換えよう

```
Range("A1").Font.Bold = True

Range("A1").Font.Underline = xlUnderlineStyleSingle
```

太字はBold、斜体はItalic

オンはTrue、オフはFalse

下線の種類

One Point

- 太字（Bold）と斜体（Italic）はTrueとFalseで切り替えます。
- 下線（Underline）は以下のように書きます。

種類	内容
xlUnderlineStyleSingle	一重下線
xlUnderlineStyleDouble	二重下線
xlUnderlineStyleNone	下線なし

Section 015

罫線の設定

表を装飾してわかりやすく

Excel は表計算ソフトなので、罫線を引かずにセルにデータを入力しておくだけで表形式になります。ただし、罫線を設定したほうが表であることがわかりやすく、印刷しても見栄えがよくなりますね。

罫線は、VBAでは「Range("範囲").Borders.項目 = 値」と書きます。範囲は1つのセルはもちろん、「:」(コロン)でつなげば複数セルを指定して範囲全体に罫線を設定することができます。同じ範囲の罫線に複数の設定を行いたいとき、「Range("範囲").Borders」部分はすべての行で共通です。**「With 共通部分 ~ End With」で囲むことで、その間は頭の共通部分を「.」で省略することができます**。左ページの例で、「With Range("B2:D4").Borders」と「End With」との間は、すべてB2～D4セルの間の罫線に関する指定になります。

なお、線種を「xlNone(なし)」に設定しても、続けて太さや色を指定すると「xlContinuous(実線)」として処理されます。

▼プログラム

```
Sub sample015()
  With Range("B2:D4").Borders
    .LineStyle = xlContinuous
    .Weight = xlThick
    .Color = vbRed
  End With
End Sub
```

共通部分を省略

種類

太さ

色

実行結果

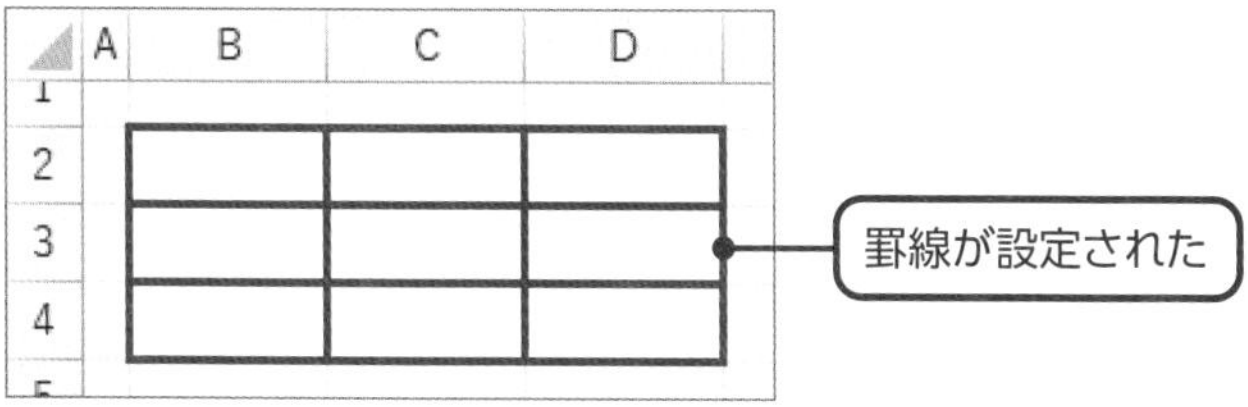

ここをコピって書き換えよう

```
Range("○○").Borders.LineStyle = xlContinuous
```

設定したい項目

設定する値

One Point

罫線の種類は以下の値を指定します。

LineStyle(種類)	Weight(太さ)	Color(色)
xlContinuous(実線)	xlThin(細)	vbRed(赤)
xlDash(破線)	xlMedium(中)	vbBlue(青)
xlNone(線なし)	xlThick(太)	vbBlack(黒)

Section 016

罫線の詳細な位置の設定

外枠だけや斜め線も引ける

罫線は「Range("範囲").Borders.LineStyle」と書くと、その範囲内のセルすべてに格子状に罫線が引かれます。しかし、外枠だけ、上辺だけ、下辺だけ、のように細かく指定したいときもありますね。

そんなときは**「Range("範囲").Borders(罫線の位置)」で、詳細な場所を指定することができます**。続けて「.LineStyle」（線の種類）と書けば実線や破線などの線が引けますし、「.Weight」（太さ）や「.Color」（色）にして、線の太さや色を1本ずつ変えることもできます。部分ごとに変更ができれば、外枠だけ太くするとか、見出しとの区切りの線だけ種類を変えるとか、さらに表現の幅が広がりますね。

今回のプログラムも、「With ～ End With」を使って、その間は頭の共通部分を「.」で省略して書いています。「With Range("B2:D4")」と「End With」との間は、すべてB2～D4セルに関する指定です。

▼プログラム

```
Sub sample016()
  With Range("B2:D4")
    .Borders(xlEdgeTop).LineStyle = xlContinuous
    .Borders(xlEdgeRight).LineStyle = xlContinuous
    .Borders(xlEdgeBottom).LineStyle = xlContinuous
    .Borders(xlEdgeLeft).LineStyle = xlContinuous
  End With
End Sub
```

上辺　右辺　下辺　左辺

実行結果

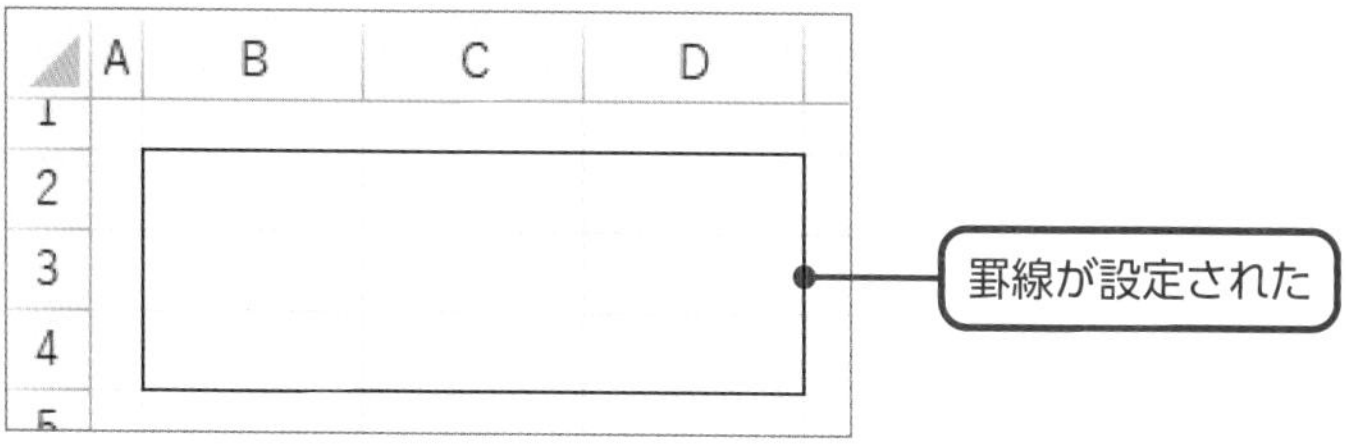

ここをコピって書き換えよう

```
Range("○○").Borders(xlEdgeTop).LineStyle = xlContinuous
```

罫線の位置

One Point

➔ xlDiagonalUp（右上がり斜線）やxlDiagonalDown（右下がり斜線）の罫線を引くこともできます。

Section 017

文字と背景の色の変更

何かと多用する色の変更

資料で目立たせたい部分は、文字やセルの色を変えたいですよね。**フォントの色は「.Font.Color」（フォントカラー）、セルの色は「.Interior.Color」（インテリアカラー）**と書きます。セルの色のことを、背景色という呼び方もします。

罫線の色（43ページ参照）と同じように「.Color」に対して色を指定するのですが、２種類の方法があります。「vbRed」（赤）「vbBlue」（青）などは「カラー定数」と呼ばれ、何色かが文字で読み取ることができますが、指定できる色は多くありません。

繊細に色を表現したい場合は「ＲＧＢ関数」を使います。「RGB(0, 0, 0)」は黒、「RGB(255, 255, 255)」は白を表し、３種類の数値の組み合わせで１６００万色もの色を表現することができます。72ページでも解説しているのでそちらも参照してください。フォントの色を自動に戻す、背景色をなしにする場合は「Color」ではなく「ColorIndex」になるので、注意してください。

▼プログラム

```
Sub sample017()
  Range("A1").Font.Color = vbRed
  Range("A1").Interior.Color = vbYellow
End Sub
```

文字色

背景色

実行結果

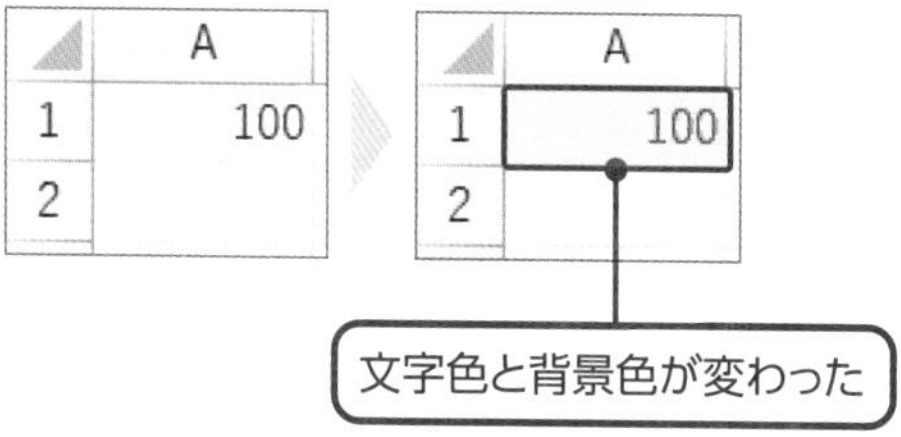

ここをコピって書き換えよう

```
Range("○○").Font.Color = vbRed
```

文字色はFont、背景色はInterior

色を指定

One Point

- 文字の色を元に戻すには以下のように書きます。

```
Range("A1").Font.ColorIndex = xlAutomatic
```

- 背景色を元に戻すには以下のように書きます。

```
Range("A1").Interior.ColorIndex = xlNone
```

Section 018

文字の配置の変更

●文字の表示される位置を変えたい

「文字の配置」とは、セルに対して文字をどの位置に表示するか、という設定です。文字なら左揃え、数値なら右揃えがデフォルトですが、表の見出しなどは中央揃えによくします。文字の配置を上手に利用することも見やすい表作りの基本です。

デフォルトは縦位置が「xlCenter」（中央揃え）、横位置が「xlGeneral」（標準）となっています。この状態では先ほど説明したように、数値や日付は右揃え、文字は左揃えに自動で配置されます。デフォルトが右配置の値は、計算ができる要素と覚えておきましょう。

でも、用途によっては配置を好みの位置にしたいときもありますよね。これをＶＢＡで行うには、**横位置は「HorizontalAlignment」（水平並び）、縦位置は「VerticalAlignment」（垂直並び）**と書きます。この項目に対して上下左右や中央の位置を指定します。

なお、「xlGeneral」（標準）があるのは横位置だけで、縦位置にはありません。

▼プログラム

```
Sub sample018()
  Range("A1").HorizontalAlignment = xlLeft
  Range("A1").VerticalAlignment = xlBottom
End Sub
```

左揃え

下揃え

実行結果

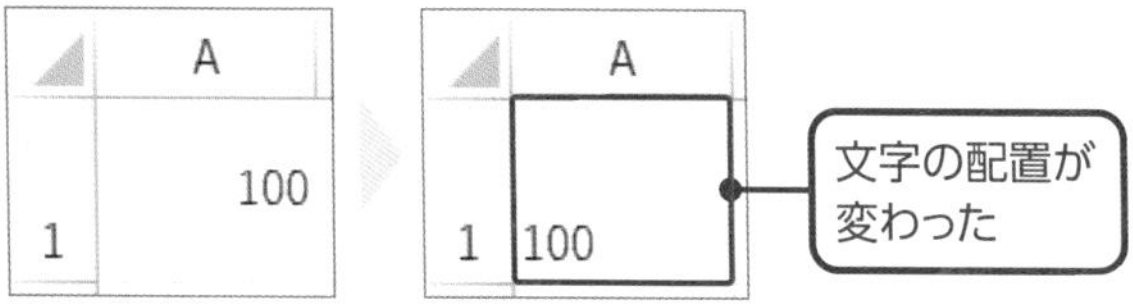

ここをコピって書き換えよう

```
Range("○○").HorizontalAlignment = xlLeft
```

横位置はHorizontal、縦位置はVertical

位置を指定

One Point

文字の配置は以下の種類で指定します。

Horizontal(横位置)	Vertical(縦位置)
xlGeneral(標準)	xlTop(上揃え)
xlLeft(左揃え)	xlCenter(上下中央揃え)
xlCenter(中央揃え)	xlBottom(下揃え)
xlRight(右揃え)	

Section 019

文字の配置を縦書きにする

●縦方向に文字を並べたい

セルの横幅は広げたくないものの、長めの文字列を1つのセルに配置したい場面では、行高を広げて、文字方向を縦にするのも1つの解決方法です。

「Range("○○").Orientation = xlVertical」と書くことで、セル内に書かれた文字列を縦書きにすることができます。ただしこの方法は文字が1文字ずつ縦に並ぶので、日本語以外（英数字や日付など）は逆に読みにくくなる場合があります。文字の種類によっては横書きのまま90度回転させたほうが文字幅も少なくスッキリ表示できるので、目的に合う方法を選択してください。

ほかにも文字の配置で操作できる項目はたくさんあって、セルを選択して右クリックのメニューの「セルの書式形式」の「配置」タブにある、「折り返して全体を表示する」は「Range("○○").WrapText = True」、「縮小して全体を表示する」は「Range("○○").ShrinkToFit = True」と書きます。どちらも解除するには右辺を「False」にします。

▼プログラム

```
Sub sample019()
  Range("A1").Orientation = xlVertical
  Range("B1").Orientation = -90
End Sub
```

縦書き

横書きのまま回転

実行結果

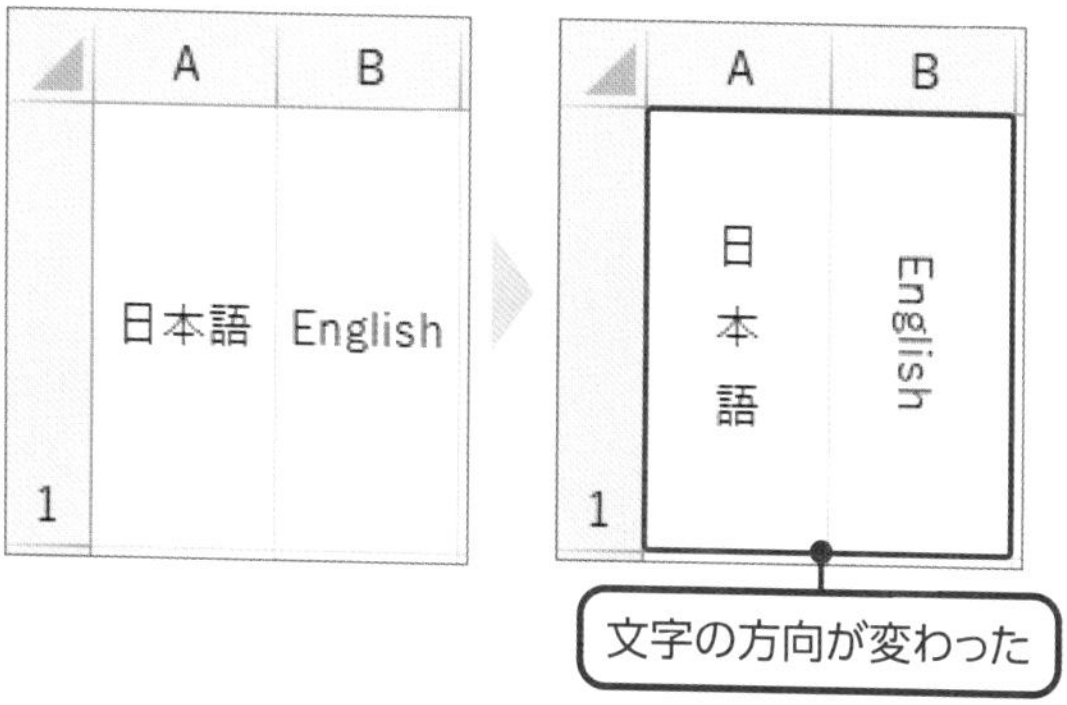

ここをコピって書き換えよう

```
Range("○○").Orientation = xlVertical
```

縦書きならxlVertical、横書きのまま、回転させるなら角度を数値で指定

One Point

➜ 元の状態へ戻すには、以下のように書きます。

```
Range("○○").Orientation = 0
```

Section 020

セルの結合

配置や見栄えを整える

シートのレイアウトにセルの結合を使うケースもありますよね。**セルの結合は「Range("範囲").Merge」**と書きます。

手動で「ホーム」タブにある「セルを結合して中央揃え」のボタンで結合を行ったときは、セル結合に加えて、縦横の中央揃えも一緒に行われています。ＶＢＡの「.Merge」は結合を行いますが、これだけでは文字の配置は変わりません。

結合前に入力されていたセルの値はいずれか1つが採用され、複数あった場合、左上のセルの値が優先されます。結合後は「左上のセルにのみ値が入っている」とみなされ、左ページの例ではA1セルに１００が入っていて、A2セルは空、という判定になります。セルの結合は見た目を整えるのに便利ですが、データの集計や分析の妨げになる場合も多いので、用途をよく考えて問題のない範囲で使いましょう。

なお、セルの結合解除は「Range("結合範囲").UnMerge」と書きます。

▼プログラム

```
Sub sample020()
  Range("A1:A2").Merge
  Range("A1:A2").HorizontalAlignment = xlCenter
  Range("A1:A2").VerticalAlignment = xlCenter
End Sub
```

セルを結合

中央揃え

上下中央揃え

実行結果

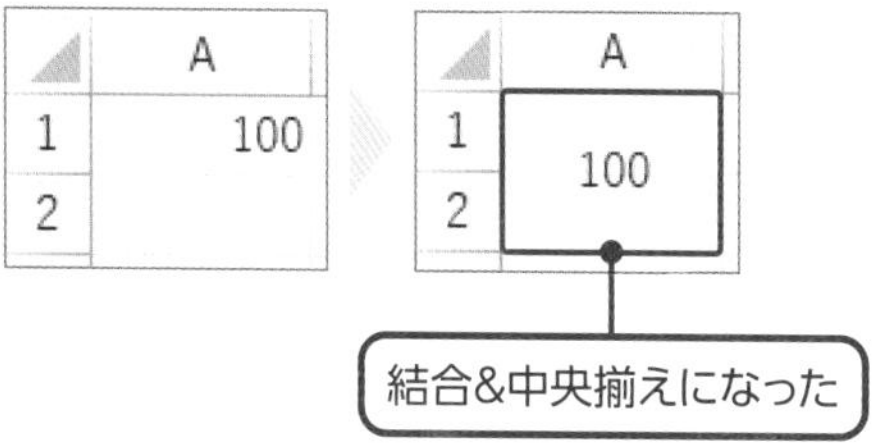

ここをコピって書き換えよう

```
Range("A1:A2").Merge
```

セル範囲を指定

One Point

結合する範囲のセルに複数の値があった場合、以下のウィンドウが表示されます。キャンセルを押すと結合が中止されるので、プログラムはエラーとなります。

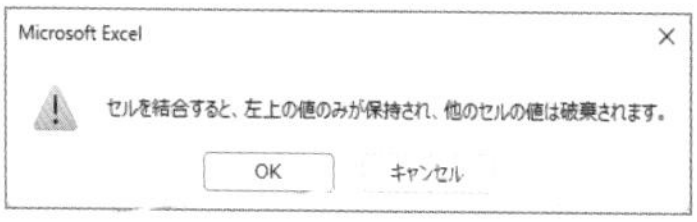

Section 021

表示形式の変更

●同じ数値でもいろんな見た目

値自体はそのままで、小数点以下の桁数を変更したいとか、値段に「¥」をつけたい、千円の区切りでカンマを入れたい、そんな場合は表示形式の変更を行います。手動では、リボンの「ホーム」タブの「数値」グループで変更できます。セルを右クリックして、「セルの書式設定」の「表示形式」タブでも同等のことができます。

これらの機能はＶＢＡでは**「Range("範囲").NumberFormatLocal = "形式"」と書きます**。たとえば数値で小数点以下３桁まで指定したい場合、「"0.000"」と書くと、桁数が少ない分だけ０が補われ、多い分は四捨五入で表示されます。また、「0123」のように先頭にゼロを加えて文字として表示にしたい場合、「"@"」と指定しましょう。

日付の場合は、「"yyyy/m/d"」なら「2023/1/1」となりますが、「"yyyy/mm/dd/"」なら「2023/01/01」と表示されます。月日などの漢字を交えたり、曜日の英語表示や日本語表示などが選べたり、ほかにもさまざまな形式があります。

▼プログラム

```
Sub sample021()
  Range("A1").NumberFormatLocal = "0.0%"
  Range("A2").NumberFormatLocal = "yyyy/m/d"
End Sub
```

実行結果

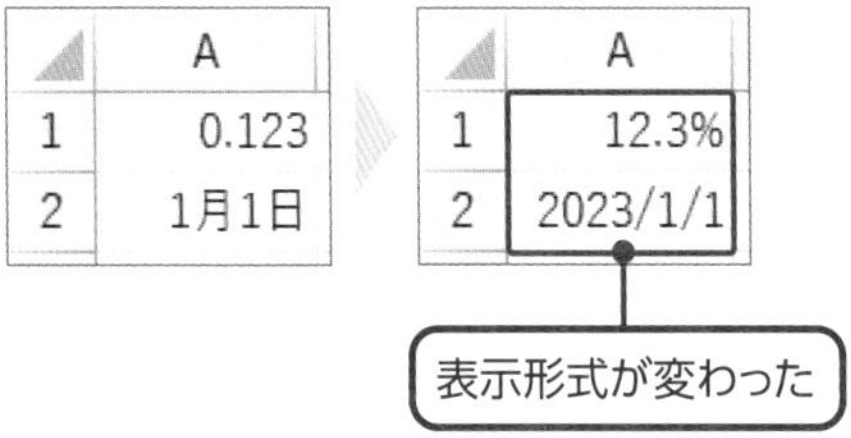

ここをコピって書き換えよう

```
Range("○○").NumberFormatLocal = "0.0%"
```

形式を指定する

One Point

表示形式には、以下をはじめ、さまざまな指定ができます。

形式	内容
"G/標準"	標準の表示形式
"@"	文字列
"#,##0"	数値にカンマをつける

Section
022

条件付き書式の設定

条件を満たすセルだけ書式を変えられる

特定の数より大きいものだけ数値の色を変えたり、最大値や最小値に色をつけたりするには、条件付き書式を使います。数値だけではなく文字列も条件にできるので、曜日の「土」を青く「日」を赤く、といったこともできますよね。

こんな条件付き書式もＶＢＡで設定することができます。**「.FormatConditions」という記述を使い、「等しい」「以上」「以下」などの「演算子」と、条件にする「値」を指定**します。微妙な色合いを指定したい場合は72ページも参照ください。

ワンポイントに挙げた「等しい」「以上」「以下」などのほかに、かっこの中を「xlCellValue, xlBetween, 1, 5」と指定すると「セルの値が1と5の間の場合」という指定もできます。xlBetweenは「○と○の間」という意味になるので、使う場合は値が2つ必要です。

もちろん、「値」の部分は数値だけでなく文字列の指定も可能です。その場合は忘れずに「"」で囲み、演算子は「等しい」または「等しくない」を使いましょう。

▼プログラム

```
Sub sample022()
  With Range("A1:A3").FormatConditions _
  .Add(xlCellValue, xlLessEqual, 2)
    .Font.Color = vbRed
    .Interior.Color = vbYellow
  End With
End Sub
```

値が2以下の場合

フォント色を赤

背景色を黄色

実行結果

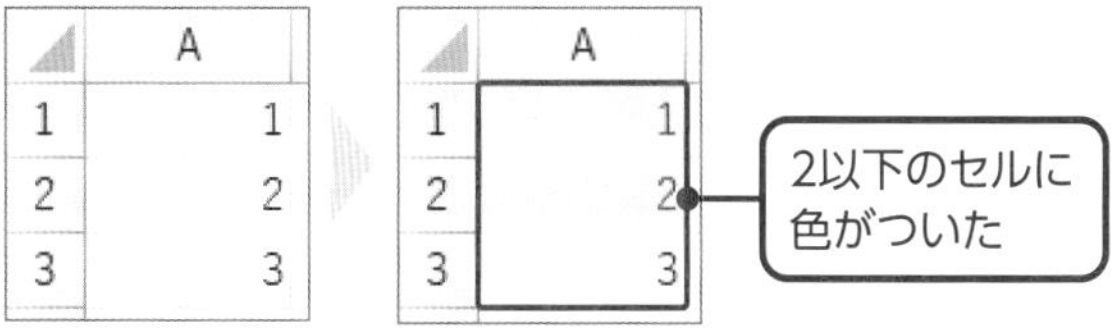

ここをコピって書き換えよう

```
With Range("A1:A3").FormatConditions _
.Add(xlCellValue, xlLessEqual, 2)
  .Font.Color = vbRed
  .Interior.Color = vbYellow
```

セルの範囲を指定

演算子

値

適用する書式

One Point

演算子は以下のような種類があります。

種類	内容	種類	内容
xlEqual	等しい	xlNotEqual	等しくない
xlGreaterEqual	以上	xlGreater	より大きい
xlLessEqual	以下	xlLess	より小さい

Column

文字列と数値は明確に区別する

プログラムは、あらかじめ用意されている命令語を使って書くことが多いですが、命令語以外の「任意の文字列」をVBA上に記述したい場合、「"」（ダブルクォーテーション）で挟むことで区別することができます。

数値は「"」が不要です。ロットNoやIDなどで先頭に「0」を含めて管理したい数字は文字列として扱いましょう。ただし文字列にすると、計算ができなくなります。

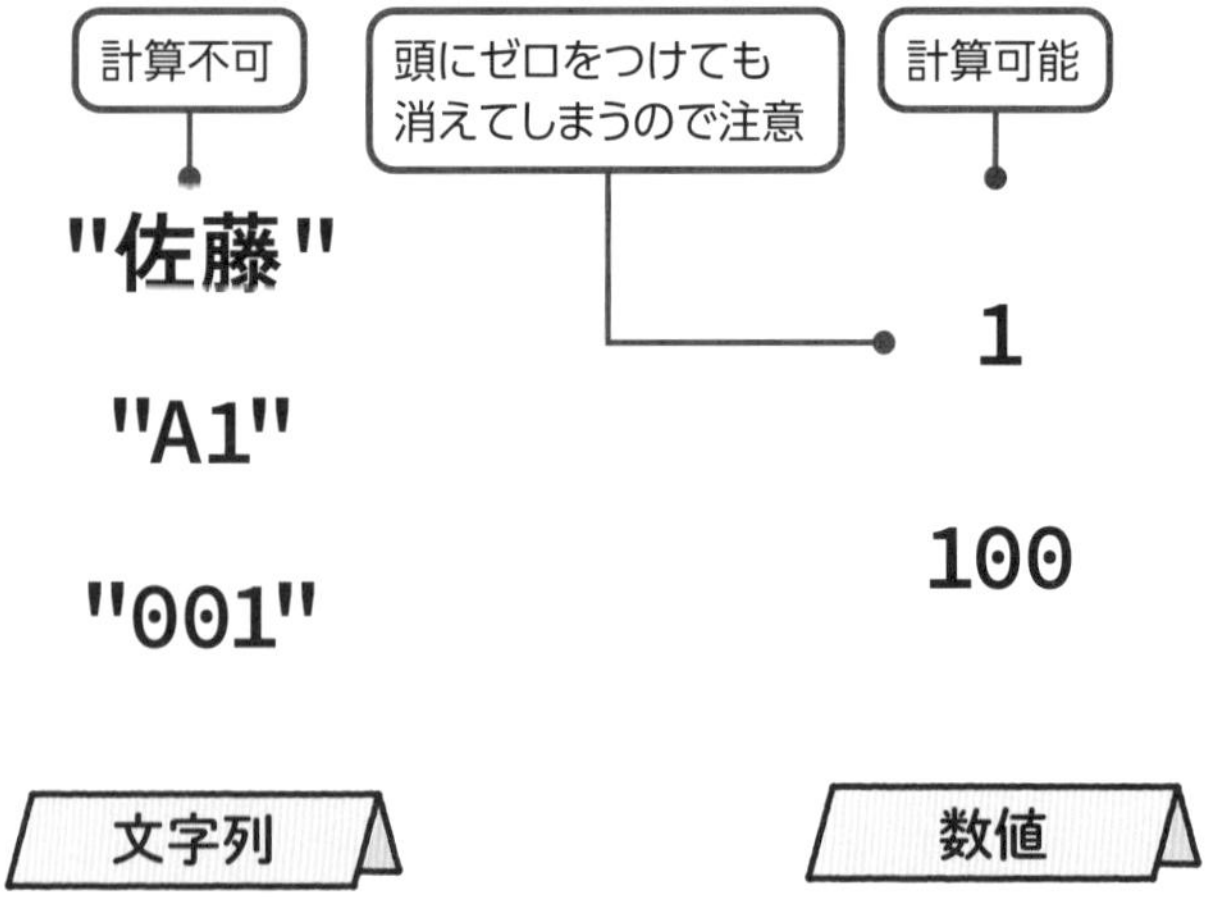

Chapter

3

シートの操作

Section 023

シートの挿入

スタンダードなワークシートを新規挿入する

シートには種類があって、デフォルトで表示される表形式のシートは「ワークシート」と呼ばれるものです。あまり目にしないかもしれませんが、ほかにも「グラフシート」や「ダイアログシート」などがあり、それらすべてを総称する言葉が「シート」です。ここでは「ワークシート」の挿入を説明します。

ワークシートの挿入は「Worksheets.Add 前後の指定(before/after):= 基準になるシート」と書き、どの位置に新規シートを挿入するか指定できます。「before /after」以降は省略可能で、指定しないと「before:= ActiveSheet」（選択されているシートの前）と同等になります。

シートの記述を「Sheets(1)」と書くと「左から1番目のシート」という意味になり、シート名ではなく番号で指定することが可能です。この応用で「after:= Sheets(Sheets.Count)」と指定すると、「n（シートの現在数）番目のあと」という意味になるので、どんな場面でも最後（右端）にシートを挿入することができます。

▼プログラム

```
Sub sample023()
  Worksheets.Add after:=Sheets("Sheet1")
End Sub
```

「Sheet1」のあとに新規シートを挿入

実行結果

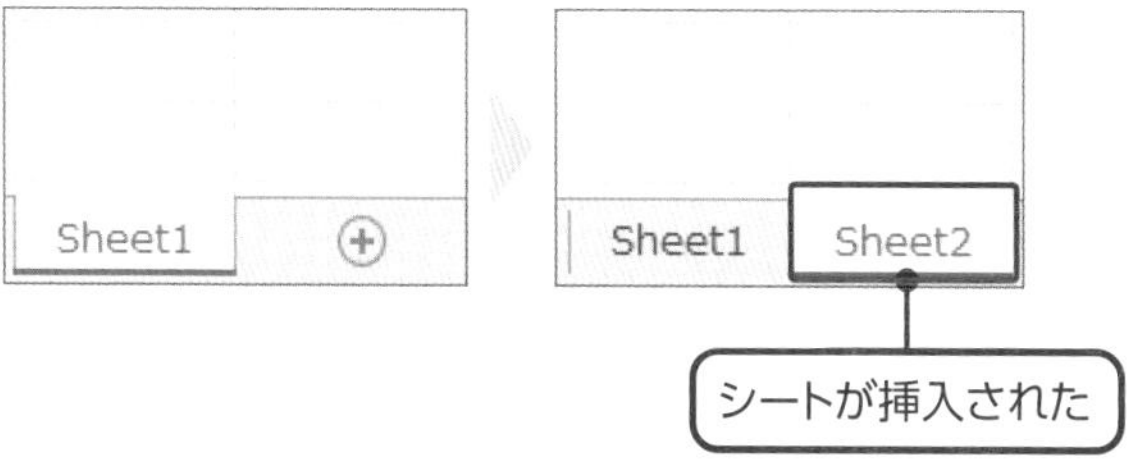

ここをコピって書き換えよう

```
Worksheets.Add after:=Sheets("Sheet1")
```

after: before（前/左側）または after（後/右側）

"Sheet1": 基準になるシートの名前

One Point

「after:=ActiveSheet」にすると、「選択しているシート」のあとに挿入されます。

Section 024

シートの削除

スマートに削除も自動化

プログラムの実行中に一時的に作成したシートなど不要になったシートがある場合、終了前に削除の指示まで含めておいたほうがスマートです。VBAで**シートの削除は、「Sheets("シート名").Delete」と、削除したいシート名を指定**して書きます。ただし、これだけだと「このシートは完全に削除されます。続けますか?」という注意を促すメッセージが表示されます。注意が必要な場合はもちろんこのままで構いませんが、せっかく自動化しているのだから止まらずに動いてほしいならば、シートの削除直前で「Application.DisplayAlerts」(アラート表示)を「False」(無効)にしておきます。無効にしたままでは困るので、シート削除後に「True」(有効)に戻しておきましょう。

なお、シートの指定は名前だけでなく、「Sheets(1).Delete」と書いて「左から1番目のシート」のように番号で指定することもできます。

また、複数のシートを一度に削除したい場合、「Sheets(Array("Sheet1","Sheet2")).Delete」と書きます。いずれも1つ以上シートが残る状態でないと削除できません。

▼プログラム

```
Sub sample024()
  Application.DisplayAlerts = False
  Sheets("Sheet1").Delete
  Application.DisplayAlerts = True
End Sub
```

アラート表示無効

指定シートを削除

アラート表示有効

実行結果

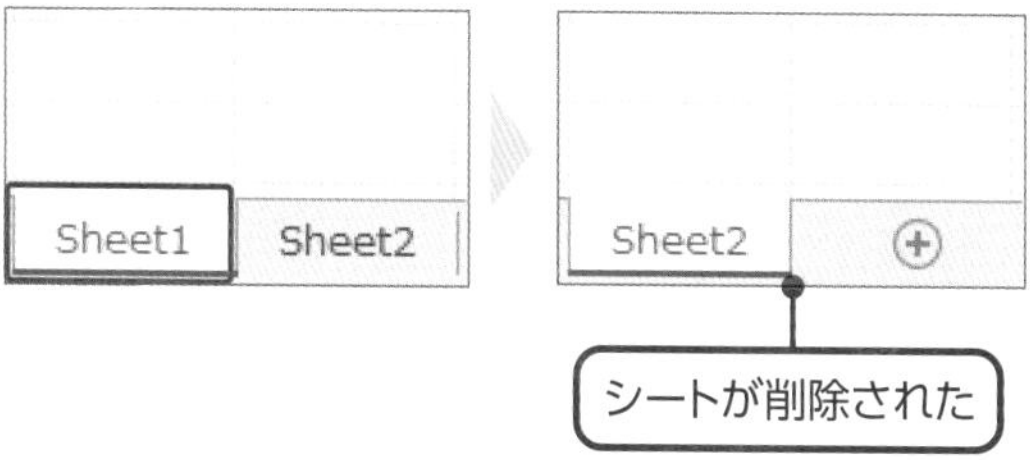

ここをコピって書き換えよう

```
Sheets("Sheet1").Delete
```

シートの名前を指定

One Point

現在選択しているワークシートを削除するには、以下のように書きます。

```
ActiveWindow.SelectedSheets.Delete
```

Section 025

シートの非表示

見せたくないデータは隠しておく

Excelには行列を非表示にする機能（30ページ参照）がありますが、シートをまるごと非表示にすることもできます。保存しておきたいデータだけれど、ほかのユーザーにさわってほしくなかったり、隠しておきたかったりする場合に有効です。

VBAでは「Sheets("シート名").Visible = False」と書きます。**シートに対して「.Visible」（可視性）という属性を「True」（有効）または「False」（無効）にすることで表示と非表示を切り替え**ます。

VBAを使わない場合、リボンの「ホーム」タブの「セル」グループにある「書式」の「非表示／再表示」から、「シートを表示しない」または「シートの再表示」で実行することができます。

なお、シートは必ず1つ以上表示されていないといけないので、すべてのシートを非表示にすることはできません。

▼プログラム

```
Sub sample025()
  Sheets("Sheet2").Visible = False
End Sub
```

実行結果

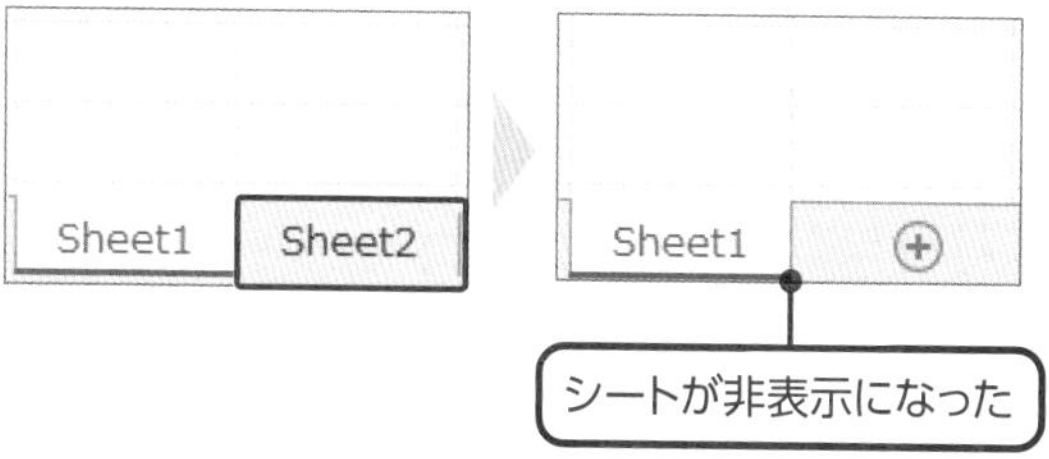

ここをコピって書き換えよう

```
Sheets("Sheet2").Visible = False
```

"Sheet2"：シート名を指定

False：True (有効) …表示 / False (無効) …非表示

One Point

➔ 現在選択しているワークシートを非表示にするには、以下のように書きます。

```
ActiveWindow.SelectedSheets.Visible = False
```

Section 026

シート名の変更

わかりやすい名前をつける

シート名は挿入するときに自動で名前がつけられ、Sheet1, 2, 3… と連番で作られていきます。そのままの名前で使っているケースも多いと思いますが、できるだけ「そのシートに入っているデータ」を端的に表す名前にしておくとよいでしょう。**「Sheets("シート名").Name = "変更名"」と書いて変更**します。

シートは番号でも指定することができるので、元のシート名がわからない場合でも変更することが可能です。たとえば新規シートを挿入するとき「Worksheets.Add after:=Sheets(Sheets.Count)」としておけば、必ず最後（右端）にシートを挿入できます。そのあと、「Sheets(Sheets.Count).Name = "AAA"」と書けば、「最後のシートの名前を変更する」ことができるのです。

パソコンで仕事をすることで紙の帳票類は減っても、パソコンの中身をきちんと整理整頓しておかなければ結局データを「探す」時間は避けられません。フォルダ名、ファイル名、シート名などには固有の名前をつけて、常に仕事の最適化を図りましょう。

▼プログラム

```
Sub sample026()
  Sheets("Sheet1").Name = "AAA"
End Sub
```

実行結果

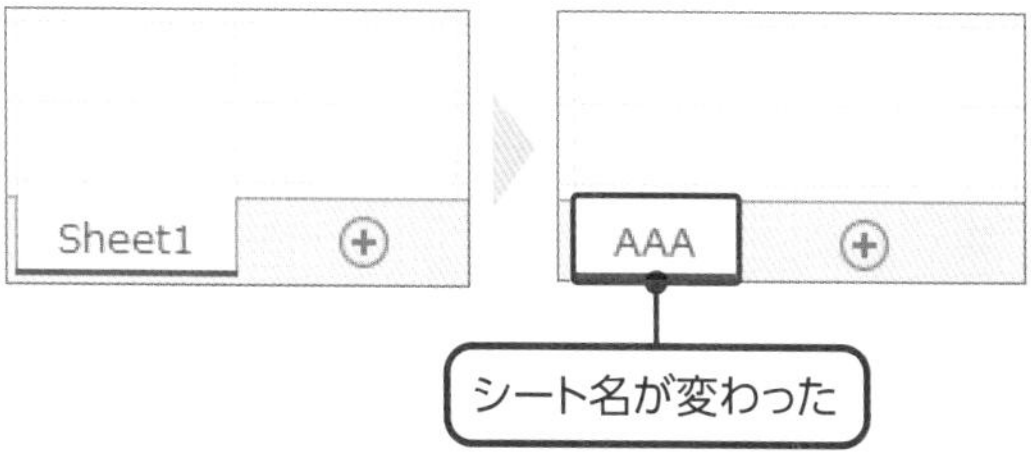

ここをコピって書き換えよう

```
Sheets("Sheet1").Name = "AAA"
```

"Sheet1"：変更前のシート名

"AAA"：変更後のシート名

One Point

最後（右端）のシートの名前を変えるには、以下のように書きます。

```
Sheets(Sheets.Count).Name
```

Section
027

シートのコピー

「何を」「どこへ」指定してコピー

シートのコピーも自動化することで便利な使い道があります。たとえばタイトルや見出し、セル配置、罫線、数式などを整えた、帳票類の「原紙」となるシートを作っておきます。プログラムによって原紙シートをコピーし、シート名の変更、データの挿入、と使えばかんたんに同じフォーマットの帳票ができます。コピーしたシートへデータを入力したあとは、印刷（１２２ページ参照）やＰＤＦ出力（１２４ページ参照）などの処理へつなげるのもよいでしょう。

ＶＢＡでシートをコピーするときは、「どのシートを」「どの場所へ」の指示が必要です。**「Sheets("コピー元シート名").Copy 前後の指定(before/after):=Sheets("基準シート名")」と書き、基準となるシートの前かあとかも同時に指定**します。コピーされたシートの名前は、自動で「元シート名（連番）」となります。

場所を指定せずに「Sheets("コピー元のシート名").Copy」とだけ書いた場合、新規ブックが作成され、そこへシートがコピーされます。

▼プログラム

```
Sub sample027()
  Sheets("A").Copy After:=Sheets("B")
End Sub
```

シート「A」を「B」のあとにコピー

実行結果

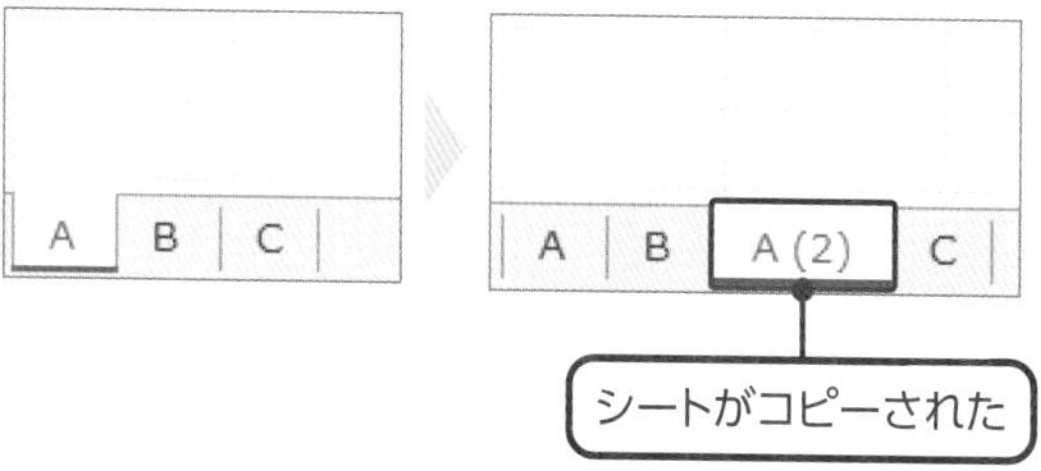

ここをコピって書き換えよう

```
Sheets("A").Copy After:=Sheets("B")
```

- "A"：コピーしたいシートの名前
- After：before（前/左側）または after（後/右側）
- "B"：位置の基準になるシートの名前

One Point

➔ Sheets("○○")をActiveSheetとすると、「現在選択しているシート」を指定できます。

Section 028

シートの移動

「何を」「どこへ」指定して移動

シートの新規挿入やコピーするときに場所を指定することはできますが、あとから位置を変えたい場合、「移動」を使いましょう。

シートの移動の書き方はコピーと似ていて、「どのシートを」「どの場所へ」の指示が必要です。**「Sheets("移動元シート名").Move 前後の指定(before/after):=Sheets("基準シート名")」と書き、基準となるシートの前かあとかも、同時に指定**します。

シートは番号でも指定できるので、後半の記述を「After:=Sheets(Sheets.Count)」と書けば最後に、「before:=Sheets(1)」と書けば先頭に、それぞれ移動させることができます。

場所を指定せずに「Sheets("移動元のシート名").Move」とだけ書いた場合、新規ブックが作成され、そこへシートが移動します。

▼プログラム

```
Sub sample028()
  Sheets("A").Move After:=Sheets("B")
End Sub
```

シート「A」を「B」のあとに移動

実行結果

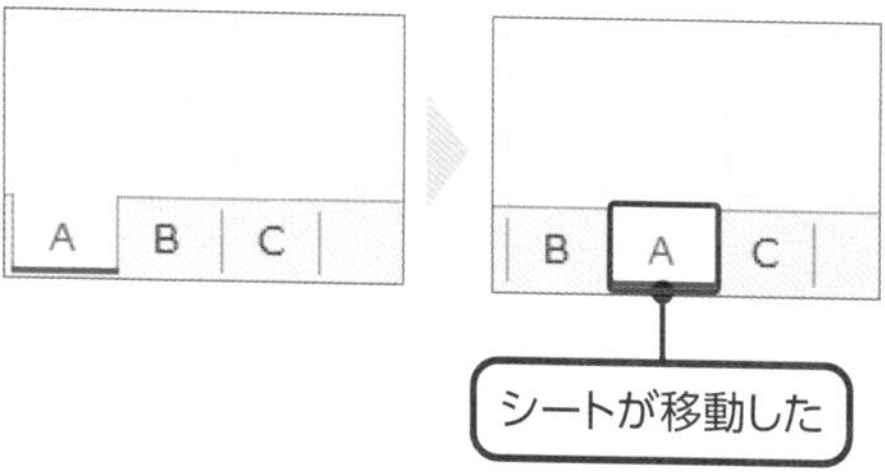

ここをコピって書き換えよう

```
Sheets("A").Move After:=Sheets("B")
```

- "A"：移動したいシートの名前
- After：before（前/左側）または after（後/右側）
- "B"：位置の基準になるシートの名前

One Point

「After:=Sheets(Sheets.Count)」なら最後に、「before:=Sheets(1)」なら先頭に移動させることができます。

Section 029

シート見出しの色の変更

特別なシートを目立たせる

シートは、**「.Tab.Color」（タブカラー）で見出しの色を変更**することができます。特別な役割を持つシートや、目立たせたいシートの色を変更して、ひと目でわかるようにしておくと便利です。

色の指定は、文字と背景の色（46ページ参照）と同じように、「vbRed」（赤）「vbBlue」（青）などの「カラー定数」を利用してもよいです。また、「ＲＧＢ関数」と呼ばれる「RGB(0,0,0)」の記述を使って詳細な色を指定することも可能です。光の３原色を、Red（赤）の数値、Green（緑）の数値、Blue（青）の数値の順番で指定して、さまざまな色を表現します。リボンの「ホーム」タブの「フォントの色」の「その他の色」で表示される「色の設定」ウィンドウの「ユーザー設定」タブで色を選ぶと、ＲＧＢの３つの数字が表示されるので、参考にするとよいでしょう。

シート見出しの色を元に戻したい場合、「Color」ではなく「ColorIndex」になるので、注意してください。

▼プログラム

```
Sub sample029()
  Sheets("Sheet1").Tab.Color = vbRed
End Sub
```

実行結果

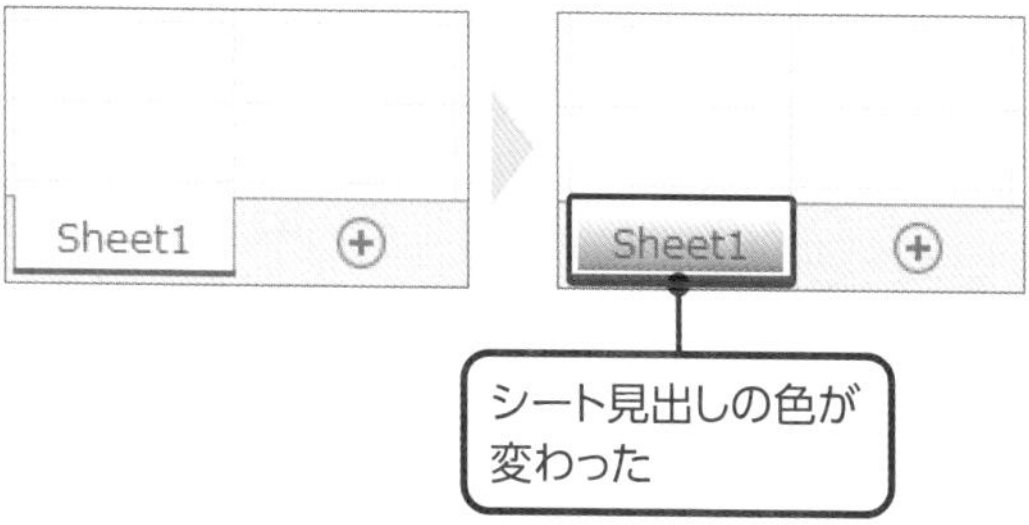

ここをコピって書き換えよう

```
Sheets("Sheet1").Tab.Color = vbRed
```

- "Sheet1"：シート名を指定
- vbRed：変更したい色
RGB(0, 0, 0)の形でも可

One Point

➔ 元に戻したい場合、以下のように書きます。

```
Sheets("○○").Tab.ColorIndex = xlNone
```

Section 030

シートの保護

シート単位で編集不可にする

Excelには、ユーザーが誤ってデータの変更や削除を行うことを防ぐために、シートを編集不可の状態にする機能（シートの保護）があります。手動では、リボンの「校閲」タブの「シートの保護」で実行できます。

VBAでは**「Sheets("シート名").Protect」と書いて実行することで、指定のシートの編集が不可になります**。保護解除の場合は、「Sheets("シート名").Unprotect」と書きます。

ユーザーに保護解除をされたくない場合、「Sheets("シート名").Protect Password:="任意の文字列"」と書いて実行することで、シートの保護にパスワードを設定することができます。その場合、解除のときに「Sheets("シート名").Unprotect Password:="任意の文字列"」と、保護を掛けたときと同じパスワードが必要です。

▼プログラム

```
Sub sample030()
  Sheets("Sheet1").Protect
End Sub
```

実行結果

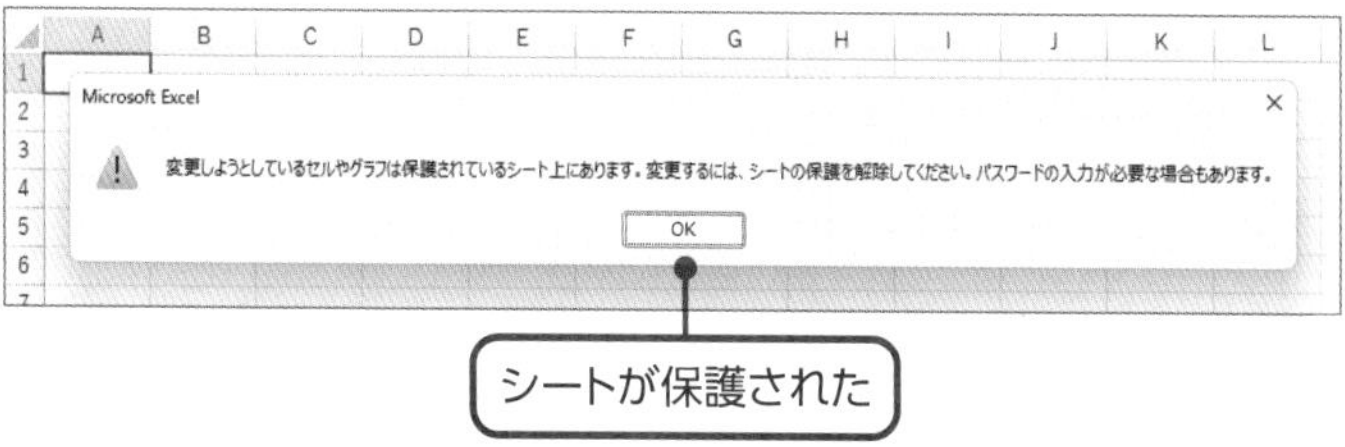

ここをコピって書き換えよう

```
Sheets("Sheet1").Protect
```

"Sheet1" → シート名を指定

One Point

- シート名はActiveSheetでも問題ありません。
- 保護解除は.Unprotectになります。

Section 031

シートを一部編集可で保護

シートの保護時に特定の部分だけを編集可能に

セルには「ロック」という属性があり、「True」（有効）か「False」（無効）かを設定することができます。この設定は、シートが保護状態のときに効果が現れます。デフォルトではすべてのセルのロックは「True」なので、シートを保護したときにすべてのセルが編集不可となります。

あらかじめ**特定の範囲のセルのロックを「False」にしてからシートに保護をかけることで、ロック解除したセルのみが編集可能の状態になり、それ以外のセルは編集不可にすることができます**。

この機能を利用すると、複数人でExcelシートを編集したいときになどに、重要なデータの保護に役立ちます。ロックの有効と無効は見た目ではわからないので、必要な場合は編集可能なセルが判別できるように、枠線や背景色などで工夫しておくとよいでしょう。

▼プログラム

```
Sub sample031()
  With Sheets("Sheet1")
    .Range("A1").Locked = False
    .Protect
  End With
End Sub
```

A1セルのロック解除

シートを保護

実行結果

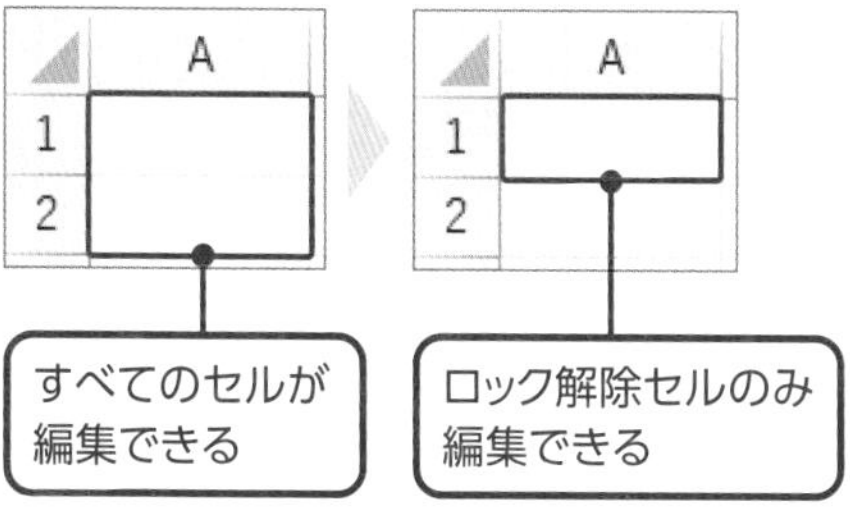

ここをコピって書き換えよう

```
With Sheets("Sheet1")
  .Range("A1").Locked = False
```

シートの指定

ロック解除したいセル範囲を指定

One Point

- 「"A1:C3"」のような範囲の指定もできます。
- デフォルトではすべてのセルのロックがTrueになっています。

Section 032

シートに背景画像を設定

背景画像を挿入して差別化

シートには、背景画像を表示することができます。これはセルの背景色よりも背面に設定されるので、セルを塗りつぶすとその部分の背景画像は見えなくなります。

ＶＢＡでは**「ActiveSheet.SetBackgroundPicture "画像のパス"」で指定**します。画像は繰り返し縦横に表示されるので、表示される画像の頻度を少なくしたい場合、余白を含めた画像を用意しましょう。色が濃い、境界線がはっきりしている、など画像の主張が強すぎると、セルに入力する内容が見えづらくなってしまうので、画像の明度を高くして「うっすら見える」程度にしておくのがおすすめです。

なお、この方法で挿入された画像は印刷されないので、セルの操作時にのみ注意を促したい内容などにしておくとよいでしょう。

▼プログラム

```
Sub sample032()
  ActiveSheet.SetBackgroundPicture "C:¥Sample¥ex¥032.png"
End Sub
```

実行結果

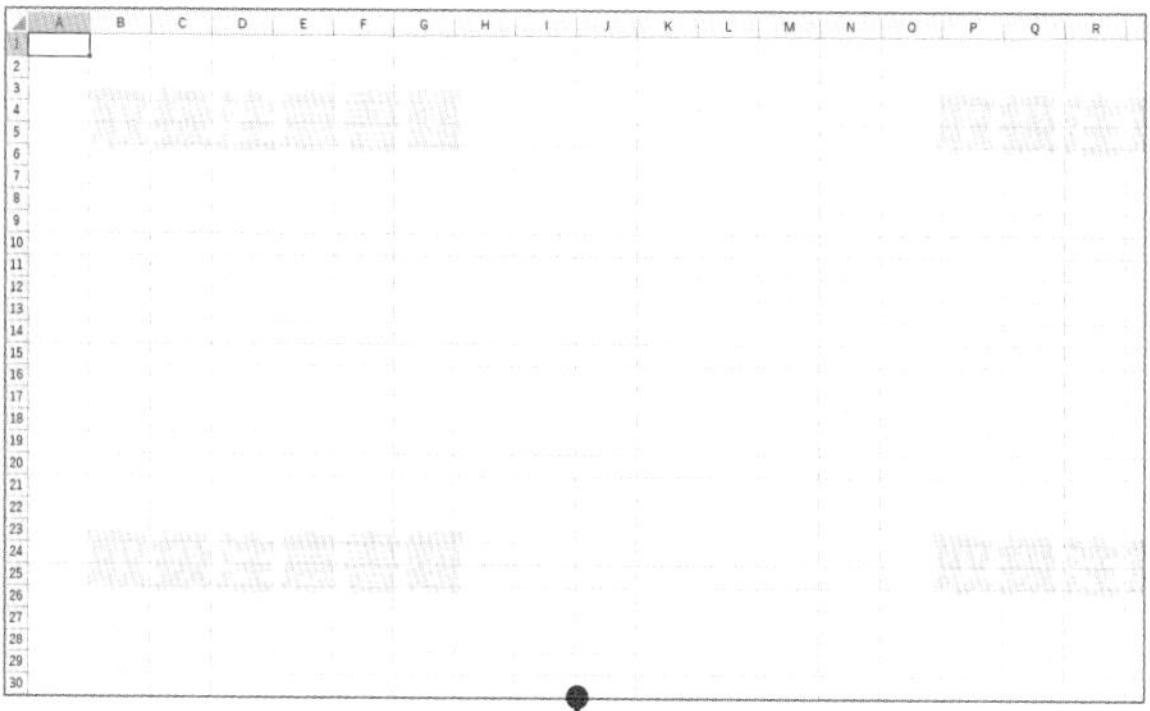

背景画像が設定された

ここをコピって書き換えよう

```
ActiveSheet.SetBackgroundPicture "C:¥Sample¥ex¥032.png"
```

"C:¥Sample¥ex¥032.png" → 画像のパス

One Point

➔ 設定した画像を削除したい場合、以下のように書きます。

```
ActiveSheet.SetBackgroundPicture ""
```

Section 033

シートの表示形式の切り替え

用途によって表示形式を切り替えると便利

シートの見た目には種類があって、デフォルトの「標準」表示のほかに、印刷範囲が青い枠で囲まれ、改ページの位置がわかりやすい「改ページプレビュー」表示や、ヘッダーやフッターなどの情報も含めて確認できる「ページレイアウト」表示があります。

紙に印刷する目的の書類などは、どのページにどの範囲が印刷されるかを確認しながら編集ができる「改ページプレビュー」表示で作業するのがおすすめです。

表示を切り替えるには、リボンの「表示」タブの「ブックの表示」グループのところにあるアイコン、またはウィンドウ右下の倍率の左隣にあるアイコン（マウスをかざすと表示形式の名称が確認できます）をクリックします。

VBAでの切り替えは、自動化した定型作業のあとに印刷の必要がある場合に便利です。プログラムが終了する直前に左ページの命令を書けば、プログラムが終了した時点で表示が切り替わっているので、スムーズに改ページの位置や、印刷範囲を確認することができます。

▼プログラム

```
Sub sample033()
  ActiveWindow.View = xlPageBreakPreview
End Sub
```

実行結果

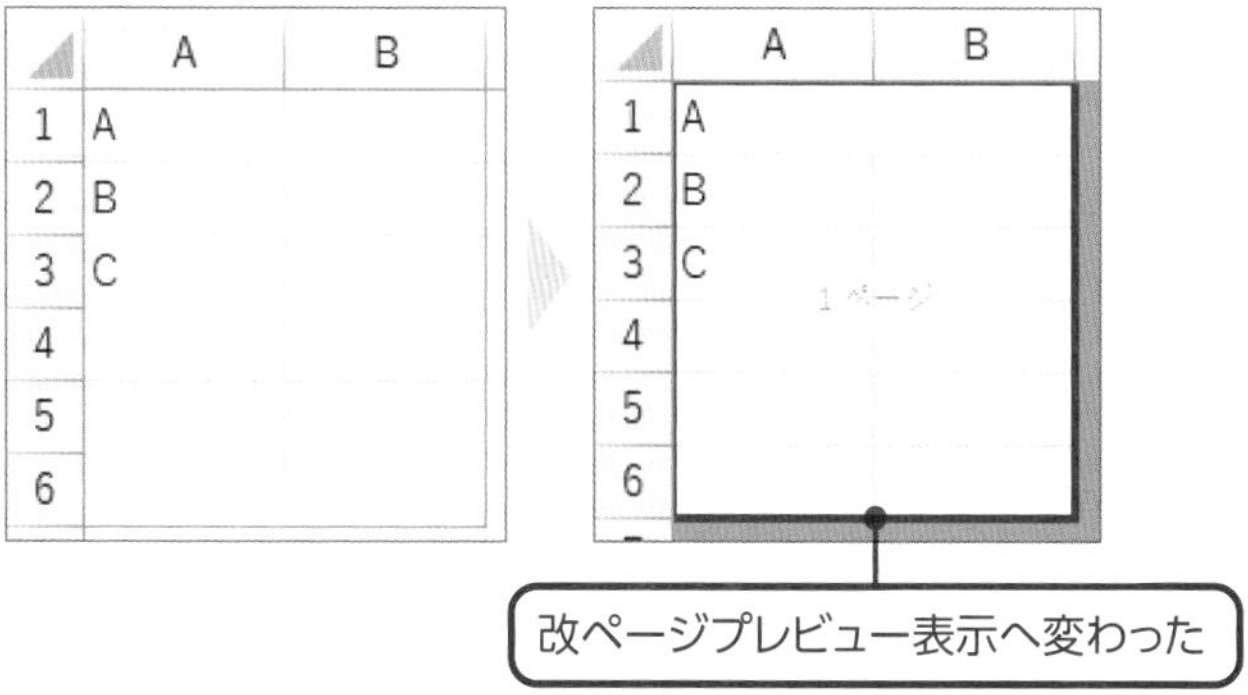

ここをコピって書き換えよう

```
ActiveWindow.View = xlPageBreakPreview
```

xlPageBreakPreview：表示形式

One Point

➔ 表示形式は以下のような記述で切り替えます。

種類	内容
xlNormalView	標準
XlPageBreakPreview	改ページプレビュー
xlPageLayoutView	ページレイアウト

Column

最後のドットから右側に注目しよう

シートやセルなどの対象に対しての命令は大きく分けて2種類あり、最後のドットから右側で見分けることができます。名詞ならば「プロパティ(属性)」と呼び、イコールと代入するモノを一緒に書きます。動詞ならば「メソッド(働き)」で、何かしらの動作をさせる命令です。

プロパティへ代入できるモノは、対象によって異なります。

名詞 → プロパティ(属性)

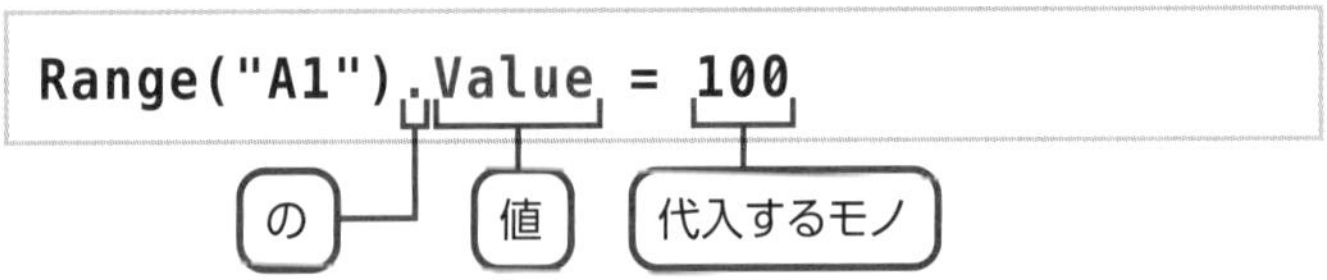

動詞 → メソッド(働き)

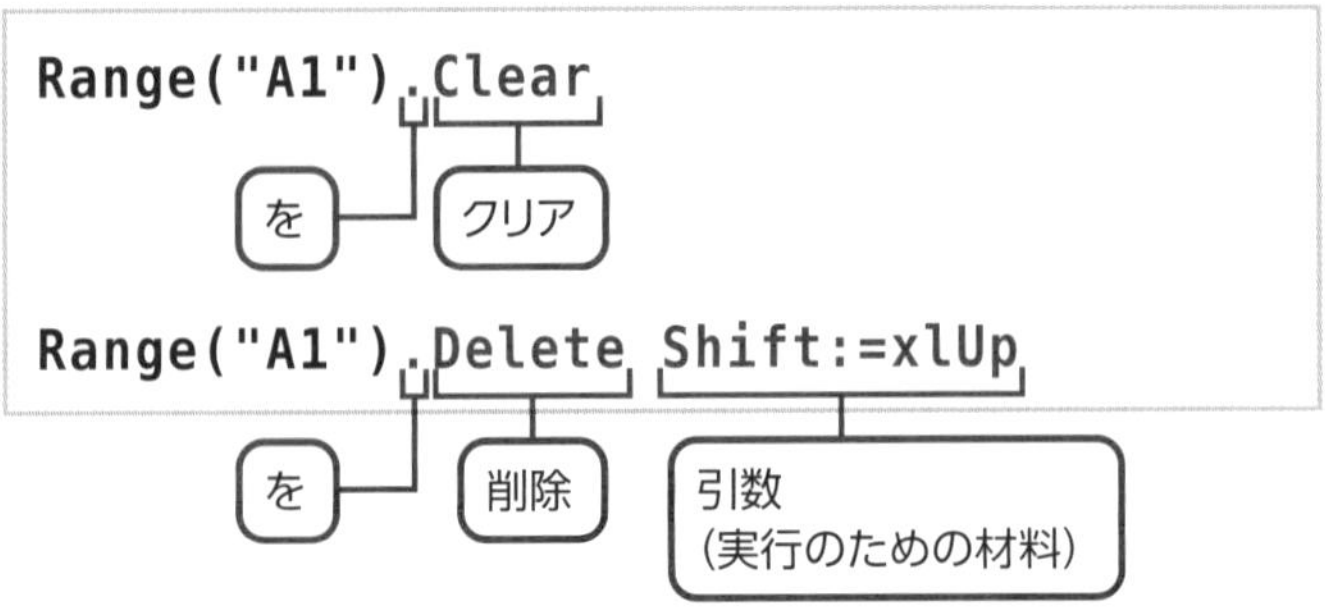

Chapter

4

セル単体の機能

Section 034

コメントの挿入

●セルにスレッド形式の注釈をつける

Excelの「コメント」機能は、Office 2016より新しくなり、スレッド（会話）形式になりました。コメントの挿入されたセルには右上に紫色の印が現れ、マウスを載せるとポップアップで内容が表示されます。プログラムに組み込んでおくと、実行履歴などをかんたんに残すことができます。

コメントを新しく挿入するには「.AddCommentThreaded」、すでにコメントが挿入されているセルには「.CommentThreaded.AddReply」と書きます。内容を書き込むだけで、書き込んだ日時とユーザー名も同時に記録してくれるので、管理がしやすくなりました。

なお、すでにコメントが存在しているセルには返信は可能ですが、挿入はできません。後半の180ページや194ページを参考に、「If Range("○○").CommentThreaded Is Nothing Then」で「コメントが存在しなかった場合」の条件分岐も併用するとよいでしょう。

▼プログラム

```
Sub sample034()
  Range("A1").AddCommentThreaded "追加"
  Range("A1").CommentThreaded.AddReply "返信"
End Sub
```

実行結果

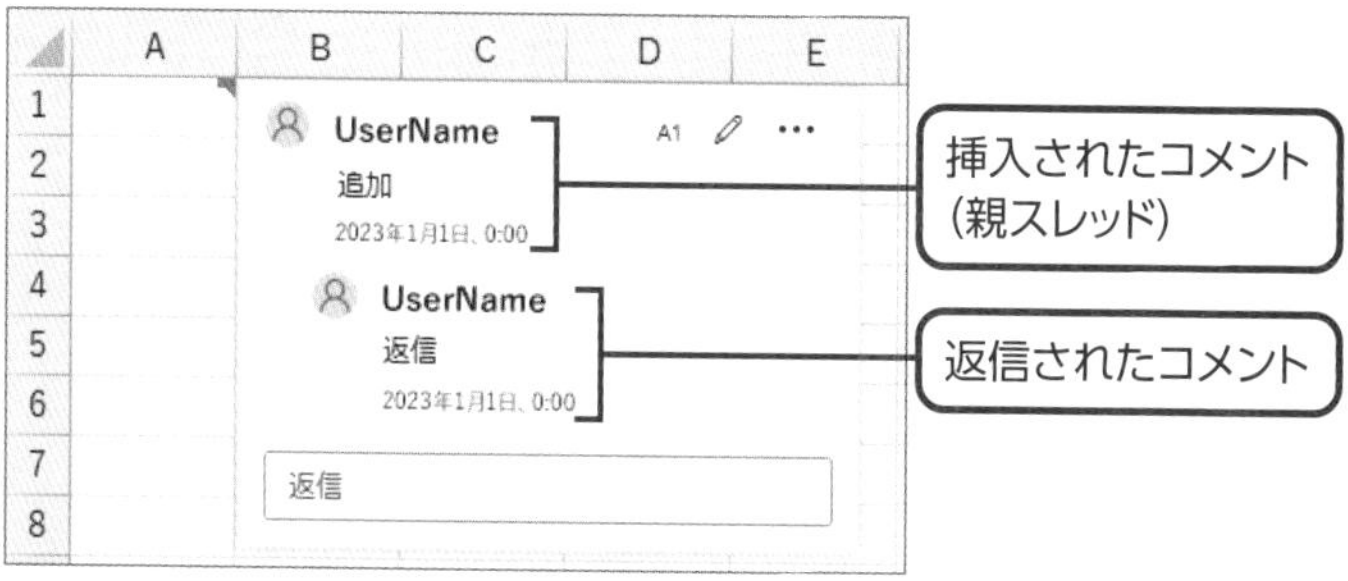

ここをコピって書き換えよう

```
Range("A1").AddCommentThreaded ("追加")
Range("A1").CommentThreaded.AddReply ("返信")
```

- 1行目の"A1"：挿入位置
- 1行目の"追加"：内容
- 2行目の"A1"：返信するスレッドの位置
- 2行目の"返信"：内容

One Point

➔ 削除は以下のように書きます。

```
Range("○○").CommentThreaded.Delete
```

Section 035

メモの挿入

●セルにシンプルな注釈をつける

メモは、セルの右上に小さな赤い三角形が表示され、シンプルなテキストの注釈を挿入できる機能です。Office 2016 以前までコメントと呼ばれていた機能で、新しいスレッド形式のコメント機能ができてから、こちらは、メモという名称に変更になりました。

「.AddComment "内容"」で、枠内に表示させるテキストを指定できます。左ページのプログラムでは3つの要素が組み合わせてあり、まず「Date」と書くと実行時の日付が入ります。「vbNewLine」は、コメント内の改行の指示です。最後に「"メモ"」という文字列があり、それらを**「&」で文字列結合**しています。

4行目は、「AutoSize」（サイズ自動調整）をするかどうか、という記述です。書かなければデフォルトのサイズになります。特別な理由がなければ、この記述は入れておきましょう。すでにメモが存在しているセルには挿入できないので、後半の180ページや194ページを参考に、「If Range("○○").Comment Is Nothing Then」で「メモが存在しなかった場合」の条件分岐も併用するとよいでしょう。

▼プログラム

```
Sub sample035()
  With Range("A1")
    .AddComment Date & vbNewLine & "メモ"
    .Comment.Shape.TextFrame.AutoSize = True
  End With
End Sub
```

実行結果

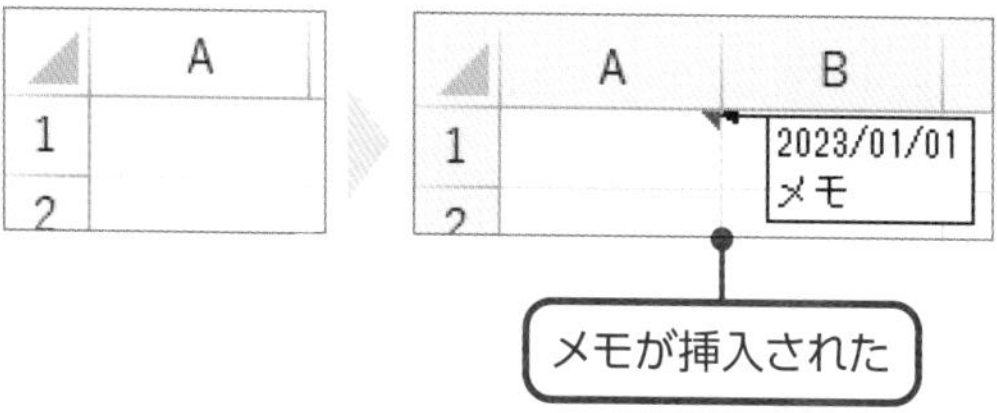

ここをコピって書き換えよう

```
With Range("A2")
  .AddComment Date & vbNewLine & "コメント"
```

"A2"：挿入位置

Date & vbNewLine & "コメント"：内容

One Point

➔ 削除は以下のように書きます。

```
Range("○○").ClearComments
```

Section 036

オートフィルタの設定

●かんたんにデータを絞り込む！

オートフィルタとは、ワークシートに入力されているデータのリストから、条件に合うものだけを表示させることができる機能です。手動ではリボンの「データ」タブの「並べ替えとフィルター」グループにある「フィルター」をクリックするだけで利用できるので、使ったことのある方も多いのではないでしょうか。データを削除せずに絞り込めて、解除もかんたんで便利な機能ですよね。

VBAでこの機能を使うには、**「Range("表内のセル").AutoFilter」と書き**ます。すると指定したセルが含まれる表の範囲を自動で判別してくれます。「Field:=1」に入る数値は、セルの番地ではなく、適用したい表の左から何列目かを入力します。

左ページのプログラムでは「表の1列目が"佐藤"」という、文字列を条件して絞り込んでいますが、数値の比較も可能です。後半部分を「Field:=2, Criteria1:="<3"」と書くことで、「表の2列目が3より小さいデータ」で絞り込むことができます。

▼プログラム

```
Sub sample036()
  Range("A1").AutoFilter Field:=1, Criteria1:="佐藤"
End Sub
```

実行結果

	A	B
1	名前	番号
2	佐藤	1
3	鈴木	2
4	佐藤	3
5	高橋	4
6	佐藤	5

▶

	A	B
1	名前	番号
2	佐藤	1
4	佐藤	3
6	佐藤	5
7		
8		

オートフィルタが適用された

ここをコピって書き換えよう

```
Range("A1").AutoFilter Field:=1, Criteria1:="佐藤"
```

- "A1"：表内のセル
- 1：条件を設定する列（表の左から○列目）
- "佐藤"：絞り込み条件

One Point

➔ オートフィルタは、設定中にもう一度、「Range("○○").AutoFilter」を実行することで解除できます。

Section 037

並べ替え

範囲と優先列を指定してデータを並べ替える

データを複数挿入したり、別の場所から転記したりといった場面では、順番がバラバラになりがちです。最後にＩＤ順や日付順で並べ替えることによって、データはぐっと読みやすくなります。

ＶＢＡでの並べ替えは、**「Range("並べ替える範囲").Sort」に対して、「優先する列」「順番の指定」などを設定**して行います。優先列とその順番は「Key2:=」「Order2:=」のように数値をつけて3番目まで追加でき、数値の小さい順に優先されます。順番は「xlAscending」と書くと小さい順（昇順）に、「xlDescending」と書くと大きい順（降順）に並びます。

ここで紹介している方法はRange.Sortメソッドと呼ばれるもので、昔から使われるスタンダードな並べ替え手法です。現在では、機能が強化されて自由度も高い（その代わり難易度も高い）Sortオブジェクトと呼ばれる方法もありますので、興味があったら調べてみてください。

▼プログラム

```
Sub sample037()
  Range("A1:B4").Sort _
    Key1:=Range("A1"), _
    Order1:=xlAscending, _
    Header:=xlYes
End Sub
```

実行結果

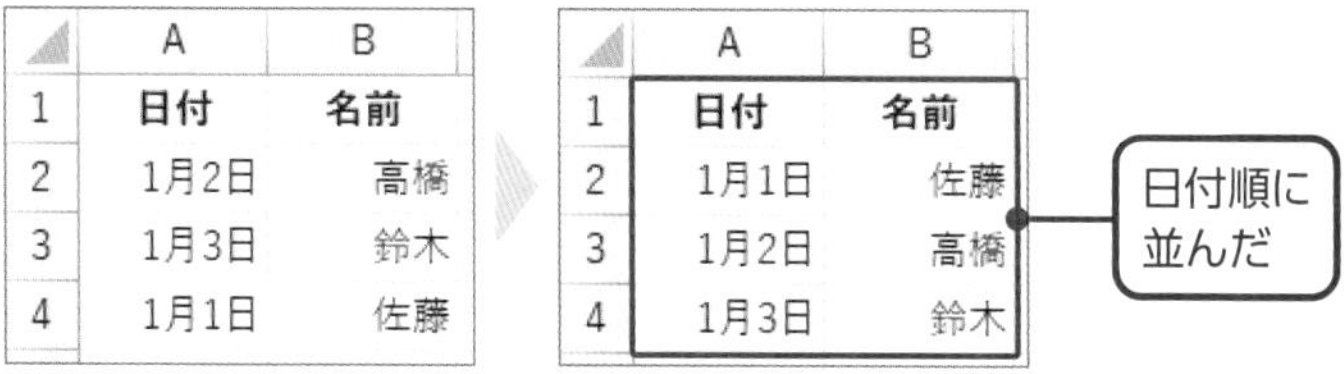

	A	B
1	日付	名前
2	1月2日	高橋
3	1月3日	鈴木
4	1月1日	佐藤

	A	B
1	日付	名前
2	1月1日	佐藤
3	1月2日	高橋
4	1月3日	鈴木

ここをコピって書き換えよう

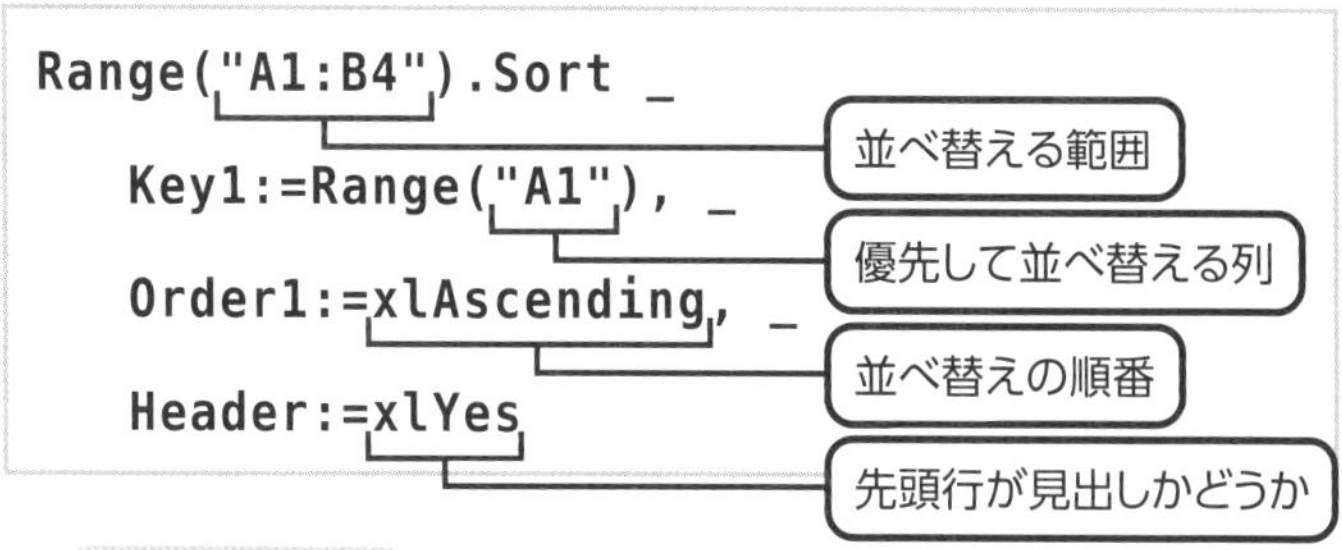

One Point

並べ替えは以下のものが指定できます。

内容	値	内容	値
順番	xlAscending(昇順)	先頭行が見出しか	xlYes(はい)
	xlDescending(降順)		xlNo(いいえ)

Section 038

オートフィル

●連続データの自動入力

1、2、3…や、月、火、水…など、パターンに従ったデータを自動的に入力できる「オートフィル」機能はとても便利です。手動の場合、選択したセルの右下の■マークをドラッグして使いますが、これももちろんＶＢＡで実行することができます。

必要なのは、データの基準になるセルと、それを適用する範囲、適用するデータの種類です。適用範囲には、必ず基準になるセルも含めます。

「Type」（種類）には種類があって、連続データの中でも「xlFillSeries」（連続する数値）や、「xlFillMonths」（月）「xlFillDays」（日）など違いがあるほか、連続させず同じ値を埋め込む「xlFillValues」（値のみ）や「xlFillFormats」（書式のみ）など、さまざまな形式もあります。

▼プログラム

```
Sub sample038()
  Range("A1").AutoFill _
    Destination:=Range("A1:A3"), _
    Type:=xlFillSeries
End Sub
```

実行結果

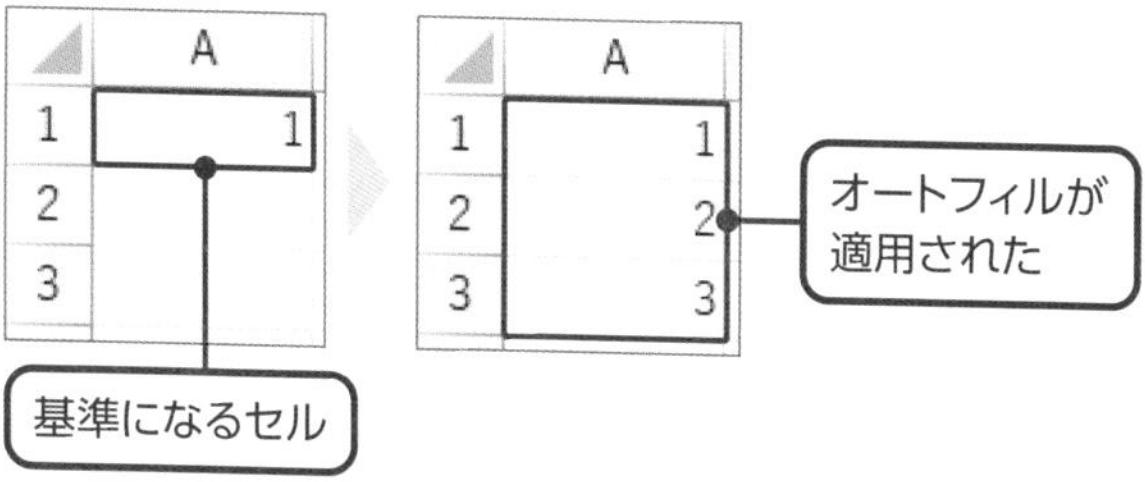

ここをコピって書き換えよう

```
Range("A1").AutoFill _
  Destination:=Range("A1:A3"), _
  Type:=xlFillSeries
```

"A1:A3"：適用範囲

xlFillSeries：データの種類

One Point

➔ Type（種類）は以下のようなものがあります。

値	内容	値	内容
xlFillDefault	自動判定	xlFillCopy	値と書式のコピー
xlFillSeries	連続する数値	xlFillFormats	書式のみコピー

Section 039

フラッシュフィル

隣の表から規則性を見つけて自動入力

オートフィル（92ページ参照）の種類の1つで、隣り合うデータの規則性に従ったデータを自動的に入力することができる機能です。指定するのは、元データの隣に位置する基準セルと、それを適用する範囲です。適用範囲には、必ず基準になるセルも含めます。

とても便利な機能ですが万能ではなくて、規則性の判断はそのときのデータ次第です。左ページのプログラムでは半角スペースが規則とみなされていますが、たとえばスペースがなくて「先頭から2文字抜き出す」と判断された場合は苗字を正しく判定できないかもしれません。**フラッシュフィルの利用後は意図通りのデータになっているか必ず確認しましょう**。

フラッシュフィルを手動で実行する場合、基準のセルを選択している状態で、リボンの「データ」タブの「データツール」グループの「フラッシュフィル」をクリックします。

▼プログラム

```
Sub sample039()
  Range("B1").AutoFill _
    Destination:=Range("B1:B3"), _
    Type:=xlFlashFill
End Sub
```

フラッシュフィル

実行結果

	A	B
1	鈴木 勇	鈴木
2	佐藤 竜也	
3	高橋 綾	

	A	B
1	鈴木 勇	鈴木
2	佐藤 竜也	佐藤
3	高橋 綾	高橋

フラッシュフィルが適用された

ここをコピって書き換えよう

```
Range("B1").AutoFill _
  Destination:=Range("B1:B3"), _
  Type:= xlFlashFill
```

"B1"：基準になるセル
"B1:B3"：適用範囲

One Point

フラッシュフィルを実行するには、適用したい範囲の左右どちらかに規則性の元となるデータが必要です。

Section 040

重複の削除

一意の値だけ取り出す

たくさん重複した名前が並んでいる中から、1人につき一度だけ名前を拾い上げて名簿を作りたいとします。そんな場合、「重複の削除」を行ってから並べ替えるとかんたんです。

重複の削除は、指定した範囲を一意（1つしかない、ユニークなこと）の値だけにすることができる、便利な機能です。手作業なら、リボンの「データ」タブの「データツール」グループにある「重複の削除」から実行できます。

VBAでは**「RemoveDuplicates」という命令**を使います。「Columns:=1」の部分は、必ずしも「A列=1」ではなく、適用したい範囲の左から数えた数値を入力します。適用範囲が「B1:C10」であれば、「Columns:=1」はB列のことになります。

削除を行うと元に戻せないので、対象部分だけを作業用シートにコピーしてから実行すると安心です。

▼プログラム

```
Sub sample040()
  Range("A1:A6").RemoveDuplicates _
    Columns:=1, Header:=xlYes
End Sub
```

実行結果

	A	B
1	名前	
2	佐藤	
3	高橋	
4	鈴木	
5	高橋	
6	佐藤	
7		

▶

	A	B
1	名前	
2	佐藤	
3	高橋	
4	鈴木	
5		
6		
7		

重複が削除された

ここをコピって書き換えよう

```
Range("A1:A6").RemoveDuplicates _
    Columns:=1, Header:=xlYes
```

- "A1:A6"：適用したい範囲
- 1：重複を探す列
- xlYes：行タイトルを含むか（なければxlNo）

One Point

「Range("A1:B10")」のように複数列にまたいだ重複を削除したい場合、重複を探す列は「Array(1,2)」と記述します。

Section 041

指定した値のみ入力可能にする

うっかりミスを減らせる

セルはとても柔軟で数字や日付や文字列、どんな値でも入力できます。しかし、「このセルは日付しか入れたくない」「ここは月だから1から12までの整数しか入力できない」などのように、入力に制限をかけたほうがミスを減らすことができる場面もあります。そんなときに便利なのが、セルの入力規則です。

たとえば、「A1セルは10以下の整数のみ入力可能」とするには、左ページのように書きます。

値の種類、以上・以下などの演算子、値を設定します。

「Operator:=xlBetween」とすると、「2つの値の間」が指定できるので、その場合「Formula1:=1,Formula2:=12」のように値を2つ設定してください。これで、「1から12の間」となります。

日付で指定したい場合は、「Type」を「xlValidateDate」にして、「Formula」の値を「"2023/1/1"」のように「"」で囲んで書きます。

▼プログラム

```
Sub sample041()
  With Range("A1").Validation
    .Delete
    .Add Type:=xlValidateWholeNumber, _
        Operator:=xlLessEqual, _
        Formula1:=10
  End With
End Sub
```

入力規則

重複を防ぐため入力規則をいったん削除

値

演算子

種類

ここをコピって書き換えよう

```
Range("A1").Validation

  .Add Type:=xlValidateWholeNumber, _

        Operator:=xlLessEqual, _

        Formula1:=10
```

入力規則を設定したい範囲

入力値のタイプ

以上・以下などの演算子(57ページ参照)

演算子と組み合わせる値

One Point

- TypeのxlValidateWholeNumberは整数を指定しています。
- xlValidateDateと書くと日付を指定できます。

Section 042

ドロップダウンリストからの選択

「表記ゆれ」を抑えて集計しやすく

データの集計で「表記の統一」はとても重要です。同一人物なのに「佐藤」「サトウ」「佐藤（た）」と少しずつ違う表記がされていて、別の要素として扱われてしまった経験はありませんか？　氏名間のスペースの有無はもちろん、「佐藤　太郎」「佐藤 太郎」と、スペースが半角か全角でも違う要素になってしまい、正しい集計ができなくなります。こういった**「同じ語句なのに異なる表記」は「表記ゆれ」と呼ばれます**。ドロップダウンリストは、この表記ゆれの防止にもつながります。使う側は選ぶだけなので利用が楽になるうえに、表記が統一されて集計がしやすくなるので、覚えておきたい入力方式です。

「基本的にはドロップダウンリストから選びたいけれど、直接入力で別の値も入るようにしておきたい」という場合、6行目の「.ShowError = False」を記述してください。この項目はデフォルトがTrueなので、「選択肢以外の値は入らないようにしたい」場合は、6行目は不要です。

▼プログラム

```
Sub sample042()
  With Range("A1").Validation
    .Delete
    .Add Type:=xlValidateList, _
         Formula1:="=Sheet1!$C$1:$C$3"
    .ShowError = False
  End With
End Sub
```

入力規則

重複を防ぐため
いったん削除

リストに表示する範囲

実行結果

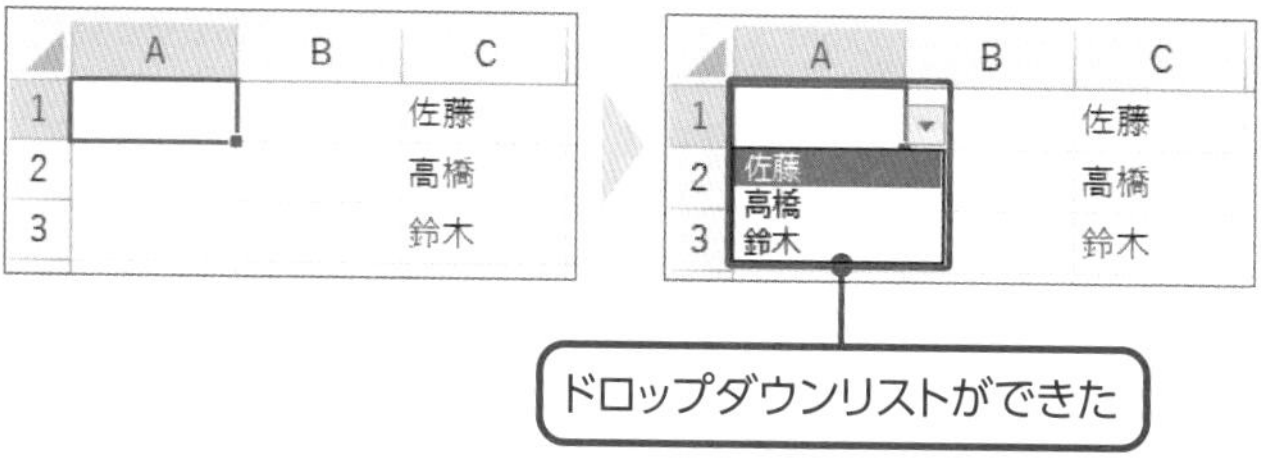

ここをコピって書き換えよう

```
With Range("A1").Validation

Formula1:="=Sheet1!$C$1:$C$3"
```

ドロップダウンリストを
設定したい範囲

リストに表示する選択肢の
シートとセル(絶対参照形式)

One Point

➔ 「.ShowError = False」としておくと、選択肢以外の値も直接入力することができます。

Column

With～End Withで同じ記述を省略

同じシートやセル範囲、同じ属性に対していくつも変更を加えたいとき、その「対象」部分は同じ記述が何行も続いてしまいます。この場合、Withを使って省略して書きましょう。

長くなるプログラムがスッキリして、このWithブロックが何に対する変更なのかがわかりやすくなります。また、変更があったときにも、修正漏れミスが起こりにくくなります。

```
Range("A1:C3").Borders.LineStyle = xlDash
Range("A1:C3").Borders.Weight = xlThick
Range("A1:C3").Borders.Color = vbRed
```

何度も同じプログラムを書くのは面倒…

```
With Range("A1:C3").Borders
  .LineStyle = xlDash
  .Weight = xlThick
  .Color = vbRed
End With
```

一度だけ書けばよい

Chapter

5

印刷の操作

Section 043

ヘッダーとフッター

●印刷したときに上下に表示される情報

印刷された文書の上部または下部に、書類のタイトルや日付、ページ番号などが文書の共通した場所に印字されているのを見たことがありませんか？　上部に印字される情報は「ヘッダー」、下部に印字される情報は「フッター」と呼ばれ、Excelでも設定することができます。

ヘッダー、フッターともに「Left」（左寄り）、「Center」（中央）、「Right」（右寄り）と3つの位置があり、そこへそれぞれ「Header」（ヘッダー）と「Footer」（フッター）のどちらかを続けて書くことで計6種類の場所を指定することができます。

よく見られるのは、中央のフッターに「ページ番号／総ページ数」を表示するのが定番ですね。「1/5」のように、ページごとに総ページに対する現在地が見えて便利です。

ヘッダーとフッターは通常のワークシート表示では隠れていますが、印刷プレビューにすると確認できます。

▼プログラム

```
Sub sample043()
  With ActiveSheet.PageSetup
    .LeftHeader = "タイトル"
    .RightHeader = "&D &T"
    .CenterFooter = "&P/&N"
  End With
End Sub
```

実行結果（印刷プレビュー）

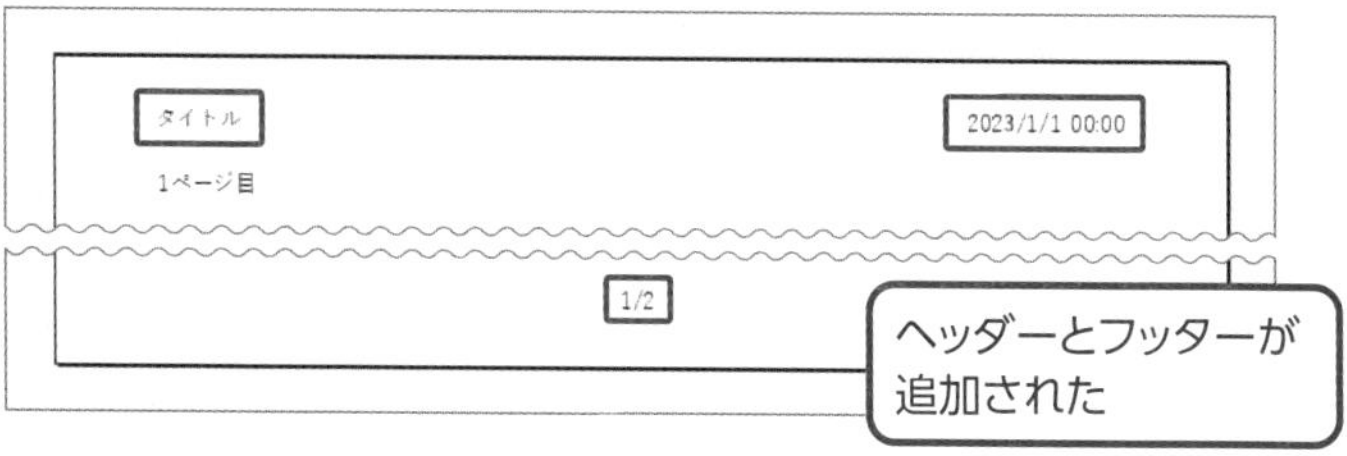

ここをコピって書き換えよう

```
.LeftHeader = "タイトル"
.RightHeader = "&D &T"
.CenterFooter = "&P/&N"
```

挿入位置

One Point

➔ 以下は、ヘッダー/フッターで使用できる値です。

値	内容	値	内容
&D	現在の日付	&P	ページ番号
&T	現在の時刻	&N	総ページ数

Section
044

余白の設定

余白の取り方で印象が変わる

　意外と意識しない部分かもしれませんが、余白によって文書の見え方も大きく変わります。余白を少なく、文字の大きさを大小使い分けて情報を詰め込むと、スーパーのチラシのように賑やかで楽しい印象を与えられます。余白を多めに取ると、それだけ表示できる情報量は少なくなりますが、文字の大きさを控えめに、掲載する情報を厳選することで上品で密度の高い印象にすることができます。

余白は「Top」（上）「Bottm」（下）「Left」（左）「Right」（右）を設定できます。ただし、単位はｐｔ（ポイント）なので、数値だけだと実際どの程度の大きさになるのかが想像しにくいです。「Application.CentimetersToPoints(数値)」と、かっこ内にセンチメートルの数値を書けば、自動でｐｔに変換してくれるので直感的にわかりやすく設定できます。

　このほかに「.CenterHorizontally」（横方向）または「.CenterVertically」（縦方向）を「=True」にすると中央寄せになります。ただし、上下の余白が違っている場合、真ん中にはなりません。左右も同様です。

▼プログラム

```
Sub sample044()
  With ActiveSheet.PageSetup
    .TopMargin = Application.CentimetersToPoints(1)
    .BottomMargin = Application.CentimetersToPoints(1)
    .LeftMargin = Application.CentimetersToPoints(1.5)
    .RightMargin = Application.CentimetersToPoints(1.5)
  End With
End Sub
```

実行結果（印刷プレビュー）

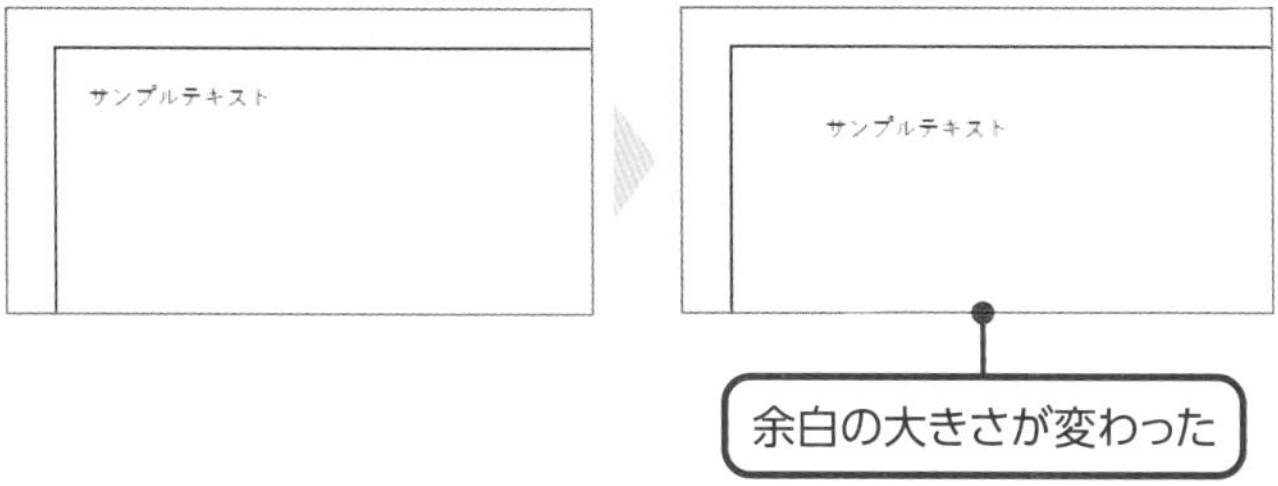

ここをコピって書き換えよう

```
TopMargin = Application.CentimetersToPoints(1)
```

余白の位置（TopMargin）　長さ(cm)（1）

One Point

➔「HeaderMargin/FooterMargin」という項目もあり、ヘッダー/フッター周りの余白の大きさを設定できます。

Section
045

印刷の向きの設定

●文書の内容で縦横を使い分ける

紙に印刷するとき、長辺を縦にした状態で印刷されることが多いですよね。しかし、Excelは表計算ソフトなので、どうしても表が横に広くなってしまうこともあるはずです。縮小して縦向きの紙に収めることもできますが、文字が小さくなりすぎて読めないのは避けたいですよね。そういったシートを横向きに印刷して、表が途切れないようにしてみましょう。

VBAでは**「ActiveSheet.PageSetup.Orientation = 印刷の向き」**と書きます。**縦向きは「xlPortrait」、横向きは「xlLandscape」**と指定します。

Excelはシートごとに縦向き、横向きが変えられるので、横向き印刷したい内容は別シートにしておくとよいでしょう。「ActiveSheet」部分を「Sheets("シート名")」にすれば、現在選択していないシートでも適用させることができます。

▼プログラム

```
Sub sample045()
  ActiveSheet.PageSetup.Orientation = xlLandscape
End Sub
```

実行結果（印刷プレビュー）

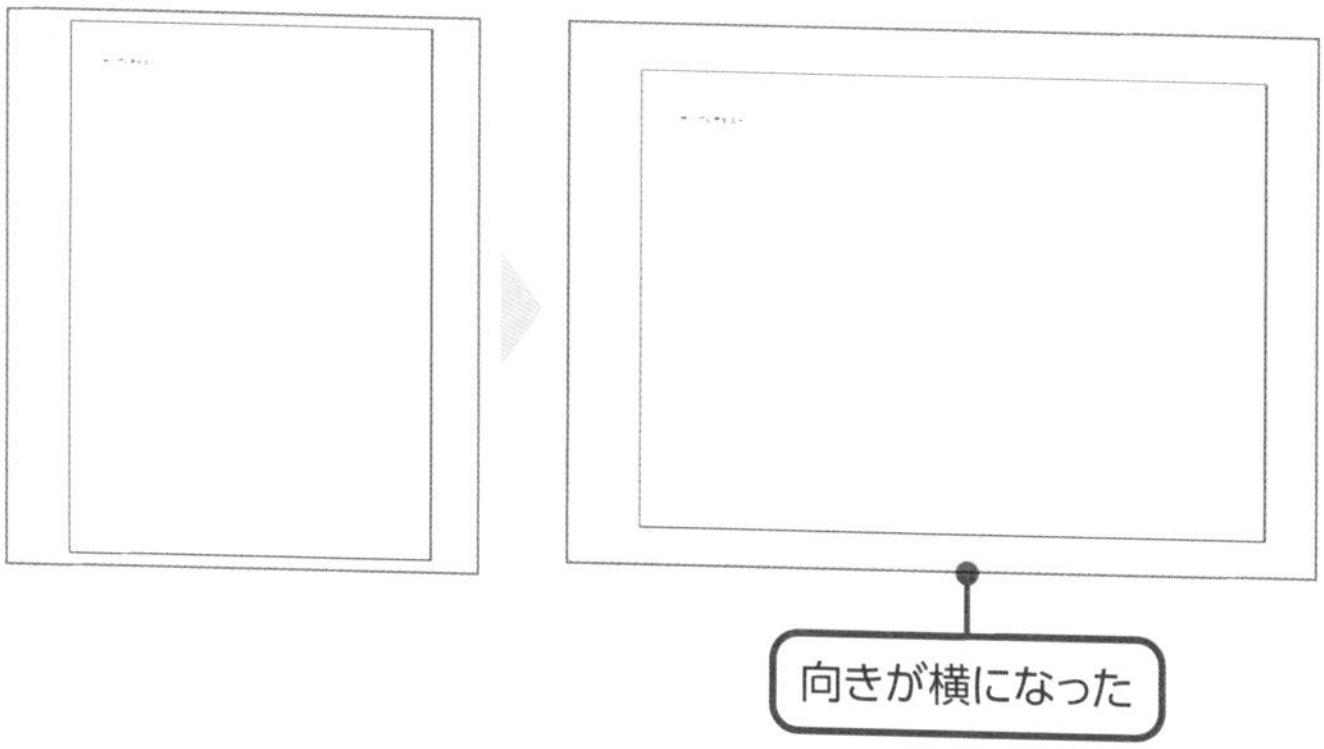

ここをコピって書き換えよう

```
ActiveSheet.PageSetup.Orientation = xlLandscape
```

横向き

One Point

縦向きにするには、以下のように書きます。

```
ActiveSheet.PageSetup.Orientation = xlPortrait
```

Section 046

用紙サイズの設定

印刷される紙のサイズもさまざま

ふだん私たちがよく目にするサイズの用紙は、Ａ４が多いと思います。これはＡ判という国際規格のサイズで、Ａ０を半分にしたサイズがＡ１、さらに半分にするとＡ２…、のように数字が続いていきます。つまり、Ａ０を４回半分にしたサイズがＡ４ということですね。

国際規格のＡ判のほかに、日本国内で使われるＢ判もあり、Ａ判と同様にＢ０から半分ずつのサイズで数字が増えていきます。小学校の教科書やノートなどはＢ５サイズが多く使われています。

企業で使われる用紙のサイズはＡ４が多いと思いますが、用途によっては倍のＡ３や、Ｂ判を使うこともあるかもしれません。ＶＢＡでは**「ActiveSheet.PageSetup.PaperSize」で設定**することができます。紙のサイズを変えると印刷できる範囲も変わるので、実際に印刷を行う前に印刷プレビューなどで確認するのを忘れないようにしましょう。

▼プログラム

```
Sub sample046()
  ActiveSheet.PageSetup.PaperSize = xlPaperA3
End Sub
```

実行結果

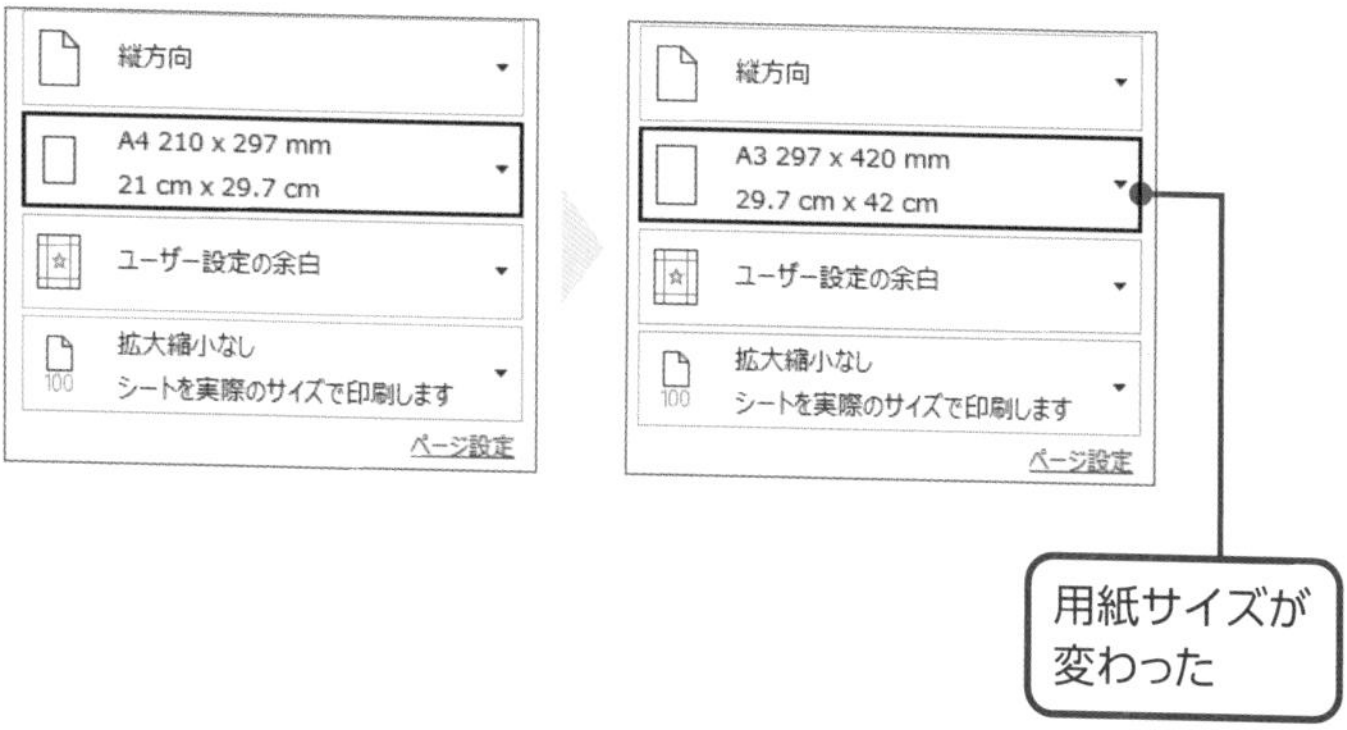

ここをコピって書き換えよう

```
ActiveSheet.PageSetup.PaperSize = xlPaperA3
```

xlPaperA3：用紙サイズ

One Point

➔ 用紙サイズは、「xlPaperA3」や「xlPaperB4」のように、A判やB判のほか、封筒などたくさんのサイズが用意されています。

Section

047 印刷範囲の設定

シートの一部だけ印刷したい

印刷範囲を設定すると、シートの特定の範囲だけを印刷することができます。元データもシートにあるけれど、計算結果の表やグラフ部分だけを印刷したい、といった場面に便利な機能です。印刷範囲は、リボンの「表示」タブの「ブックの表示」グループ内にある「改ページプレビュー」で確認できます。印刷範囲内が青い枠で囲まれ、グレーになっている部分は範囲外となり、印刷されません。

VBAでは**「ActiveSheet.PageSetup.PrintArea = "セル範囲"」**と書きます。設定する値は、「Range("A1:B3")」の形ではなく、かっこ内のみの「"A1:B3"」の形であることに注意してください。

データによって表の大きさが違うなど、印刷したい範囲がそのつど違うケースでは、表の範囲を自動で取得できる方法（178ページ参照）が使えます。左ページの「"A1:B3"」の部分を「Range("A1").CurrentRegion.Address」に書き換えてみてください。この例だと「"A1:C5"」が表の範囲と判断されて、印刷範囲に設定されます。

▼プログラム

```
Sub sample047()
  ActiveSheet.PageSetup.PrintArea = "A1:B3"
End Sub
```

実行結果

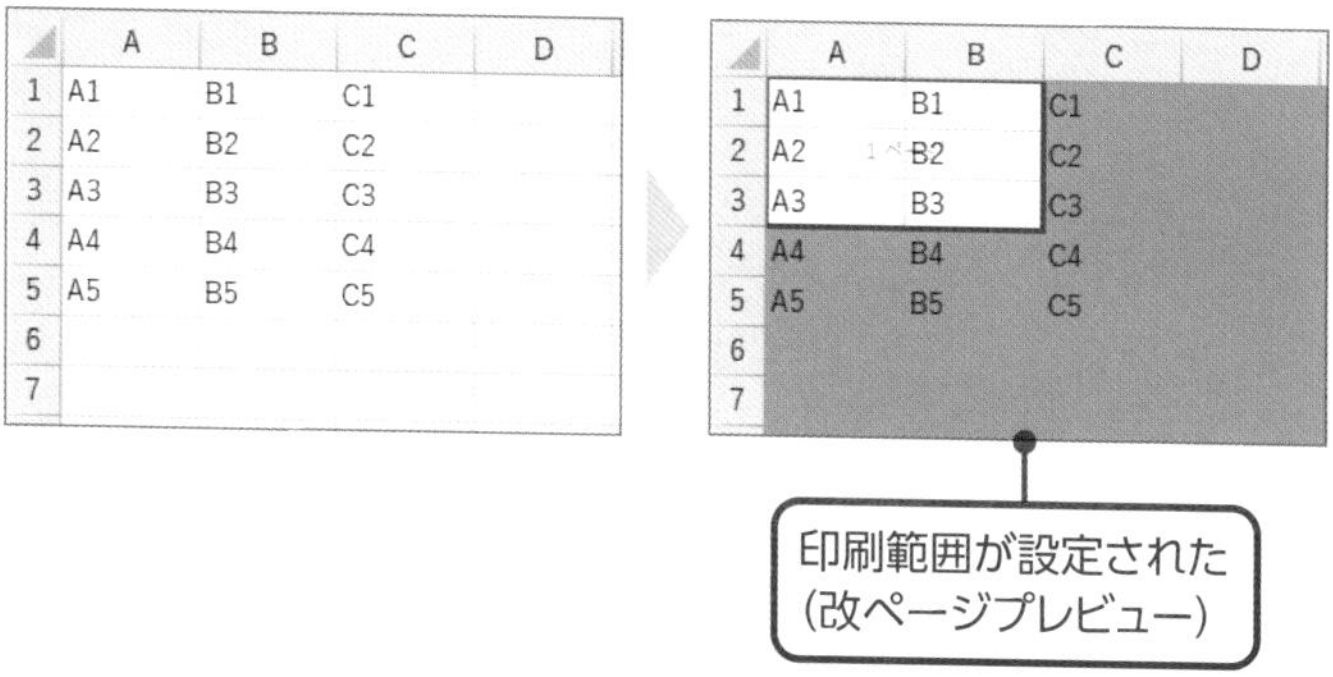

ここをコピって書き換えよう

```
ActiveSheet.PageSetup.PrintArea = "A1:B3"
```

範囲: "A1:B3"

One Point

設定した印刷範囲をクリアするには、以下のように書きます。

```
ActiveSheet.PageSetup.PrintArea = False
```

Section 048

改ページの設定

印刷ページを切り替える部分を指定できる

印刷範囲が設定されているとき、改ページを設定すると、印刷時にその部分から次の用紙に切り替えることができます。好きな位置でページを区切ることができるので、ここまでは同じ用紙で印刷したい、ここからは新しい紙に切り替えたい、という場面でとても便利です。

「ActiveSheet.Rows(行数).PageBreak = xlPageBreakManual」と書くと、指定した行数から次のページに切り替わります。「Rows」（行数）部分を「Columns」（列数）に置き換えると、縦方向に区切ることも可能です。

改ページは印刷範囲と同じく、リボンの「表示」タブの「ブックの表示」グループ内にある「改ページプレビュー」表示で確認できます。青い枠で囲まれている部分が印刷範囲ですが、その中に区切られている青い線が「改ページ」です。この区切りより下側や右側にある内容は別のページとして印刷されます。

▼プログラム

```
Sub sample048()
  ActiveSheet.Rows(4).PageBreak = xlPageBreakManual
End Sub
```

実行結果（改ページプレビュー）

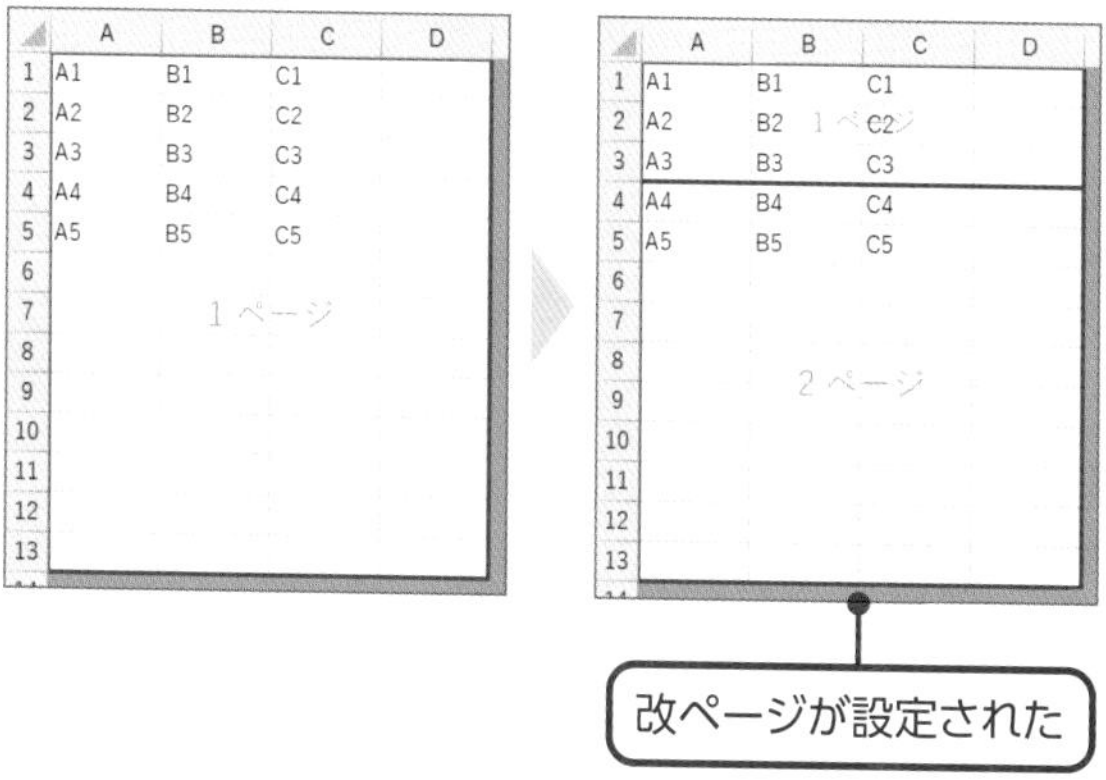

ここをコピって書き換えよう

```
ActiveSheet.Rows(4).PageBreak = xlPageBreakManual
```

区切る場所を指定。縦方向も「Columns("C")」や「Columns(3)」で可能

One Point

設定されているすべての改ページを解除するには、以下のように書きます。

```
ActiveSheet.ResetAllPageBreaks
```

Section 049

印刷タイトルの設定

●すべてのページに同じ項目行を印刷したい

シートの1~2行にタイトルや見出しの項目があり、3行目からデータが始まる表があるとします。その表が長く続く場合、印刷したときに2ページ目以降にはタイトルや見出し項目は表示されません。続きのデータにも、見出し項目は表示されてほしいと思いますか？そんなときに便利な機能が印刷タイトルです。タイトルにしたい行を設定しておけば、すべてのページの先頭にその部分を印刷してくれます。

ＶＢＡでは「ActiveSheet.PageSetup.PrintTitleRows = "行範囲"」と書いて設定します。注意する点は、**範囲を絶対参照形式（頭に「$」をつける形式）で書く**ことです。Excelは、セルをコピーや移動すると参照セルを自動的に変化させる機能がありますが、変化させたくない場合、「$○」と書くと固定になります。

なお、印刷タイトルはヘッダー（１０４ページ参照）とは別のものです。ヘッダーは左寄り、中央、右寄りにシートの補足情報を印字できるもので、シートの内容を印字するものではありません。

▼プログラム

```
Sub sample049()
  ActiveSheet.PageSetup.PrintTitleRows = "$1:$2"
End Sub
```

実行結果（印刷プレビュー）

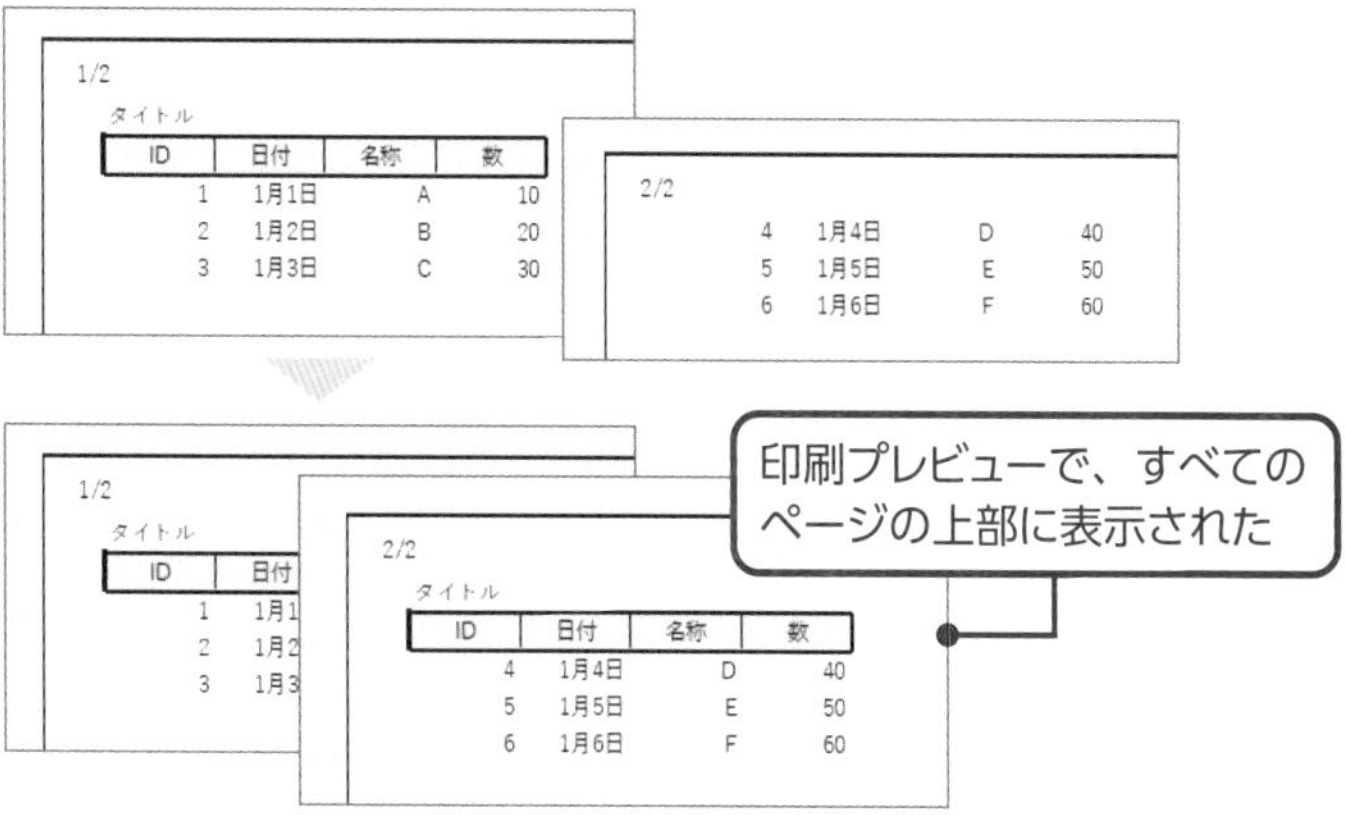

ここをコピって書き換えよう

```
ActiveSheet.PageSetup.PrintTitleRows = "$1:$2"
```

タイトルに表示したい行（絶対参照形式）

One Point

➔ 各ページの左端に設定できる列タイトルもあります。列タイトルは以下のように書きます。

```
ActiveSheet.PageSetup.PrintTitleColumns = "$A:$A"
```

Section 050

1ページに収めて印刷する

微妙なはみ出しを阻止したい

印刷プレビューにしてみたら、少しだけはみ出して次のページに行ってしまった！　ということはよくありますね。こちらのＰＣでは1枚に収まっていたのに、別のＰＣで印刷したらちょっとズレて2枚になってしまった、ということも起こり得ます。こんな微妙なはみ出し部分を確実に1枚に収めて印刷する方法を覚えておくと、とても便利です。

ＶＢＡで書くには、**「ActiveSheet.PageSetup」の「Zoom」（倍率）を無効にし、「FitToPagesWide」（横のページ数）と「FitToPagesTall」（縦のページ数）をそれぞれ1に設定**してから印刷をすればＯＫです。

なお、拡大縮小を指定して印刷したい場合、「Zoom」を設定しましょう。倍率は％の数値で表記します（２００％なら２００）。「With」を使わず1行だけで書く場合は「ActiveSheet.PageSetup.Zoom = 200」のように書きます。倍率を設定する場合は、縦横のページ数は設定してはいけません。

▼プログラム

```
Sub sample050()
  With ActiveSheet.PageSetup
    .Zoom = False
    .FitToPagesWide = 1
    .FitToPagesTall = 1
  End With
End Sub
```

.Zoom = False：拡大/縮小を無効

.FitToPagesWide = 1：横のページ数

.FitToPagesTall = 1：縦のページ数

実行結果（印刷プレビュー）

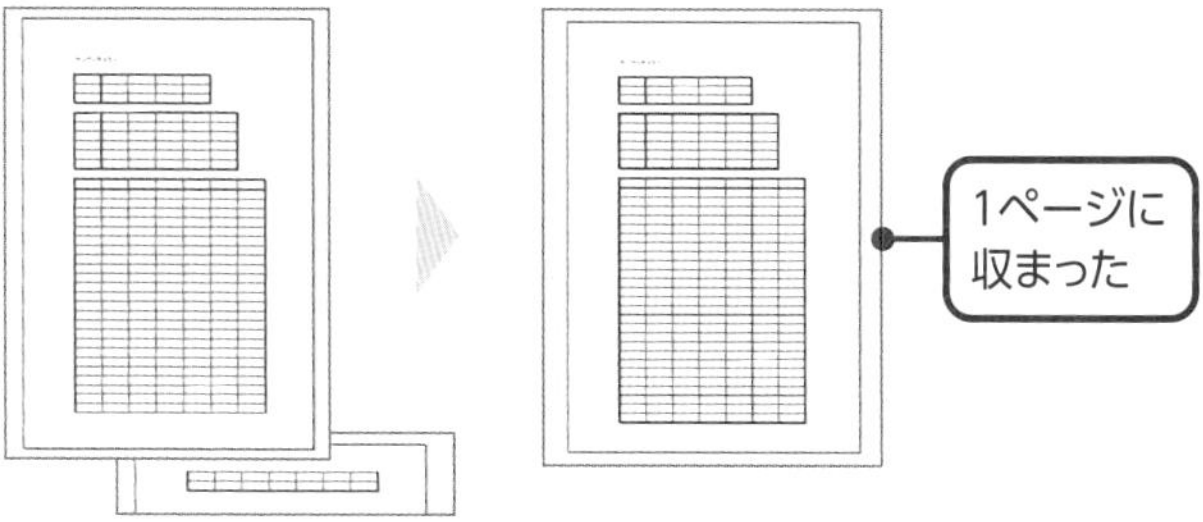

ここをコピって書き換えよう

```
FitToPagesWide = 1
```

Wide：WideまたはTall

1：任意のページ数

One Point

横のページ数を1、縦のページ数を2、などのようにページ数を細かく指定することもできます。

Section 051

枠線や行列番号の印刷設定

シートを「見たまま」印刷したい

通常、ワークシートを操作しているときに表示されている格子状の枠線や、シートの上端にある列番号、左端にある行番号は印刷されません。そのため、印刷したい部分には、罫線や書式を設定して工夫するわけですが、行列番号や枠線もすべて見たまま印刷したいという場面もあるかもしれません。

ＶＢＡでは、**「ActiveSheet.PageSetup」の「PrintGridlines」（枠線の印刷）と「PrintHeadings」（行番号の印刷）を「True/False」のいずれかにします**。「True/False」はプログラムでは2択式の項目でよく出てくる形式で、「はい／いいえ」や「有効／無効」などを表します。

なお、この枠線と行列番号の設定は、リボンの「ページレイアウト」の「シートのオプション」グループにある、「枠線」「見出し」それぞれの「印刷」チェックボックスをオンかオフにすれば手動でも切り替えることができます。

▼プログラム

```
Sub sample051()
  With ActiveSheet.PageSetup
    .PrintGridlines = True
    .PrintHeadings = True
  End With
End Sub
```

枠線あり

行列番号あり

実行結果（印刷プレビュー）

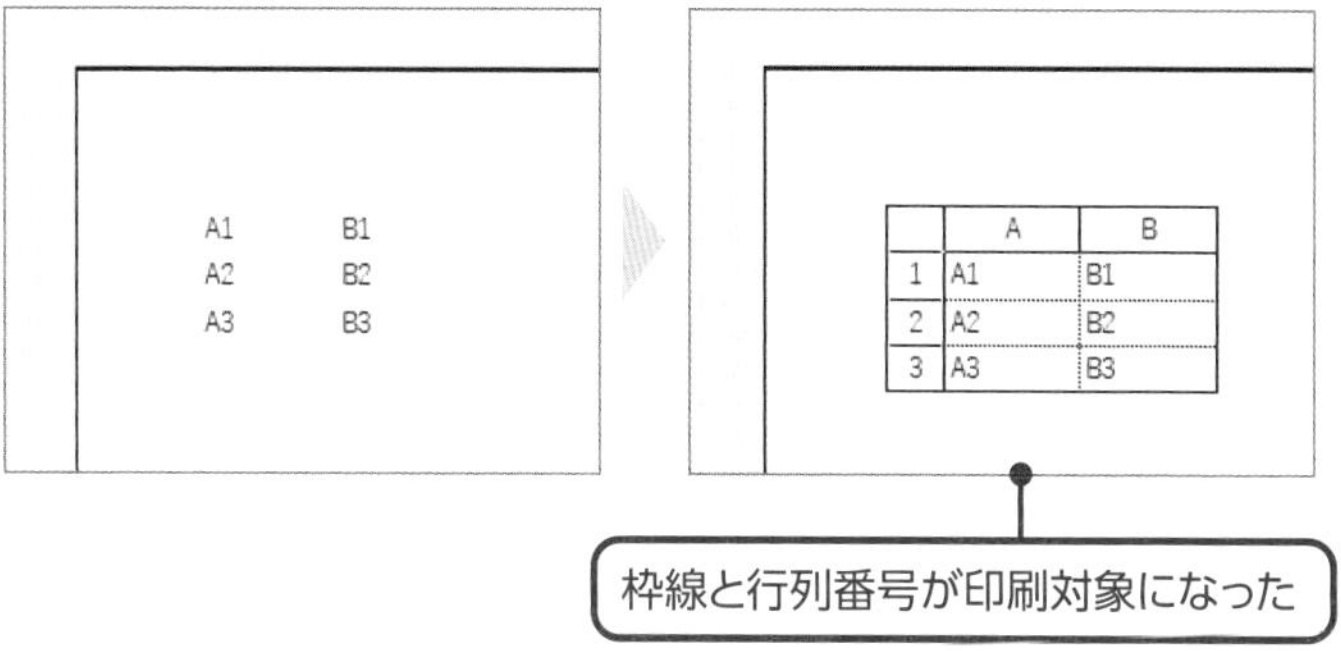

ここをコピって書き換えよう

```
.PrintGridlines = True
.PrintHeadings = True
```

True（あり）または False（なし）

One Point

「Gridlines」が枠線で、「Headings」が行列番号を表しています。

Section 052

印刷

紙への印刷だって自動化できる

データで管理することが増えてきているとはいえ、帳票類などは日常的に紙に印刷しているものもまだありますよね。

印刷も、もちろんＶＢＡで書くことができます。プログラムでデータの入力から印刷までを作ることができると、日常のルーチンワークがものの数秒で終わる可能性だって十分考えられます。もちろんさまざまな例外処理は必要ですが、自動化できたら便利ですよね。

なお、このプログラムでの印刷は、「ActivePrinter」（アクティブプリンター）、つまりWindowsの設定で「通常使うプリンター」と設定してあるプリンターに出力されます。**「Call ActiveSheet.PrintOut(ActivePrinter:="プリンター名")」と書くと、印刷と同時にアクティブプリンターを別のプリンターに切り替えることができます**。

▼プログラム

```
Sub sample052()
  Activesheet.PrintOut
End Sub
```

開いているシートを印刷

実行結果

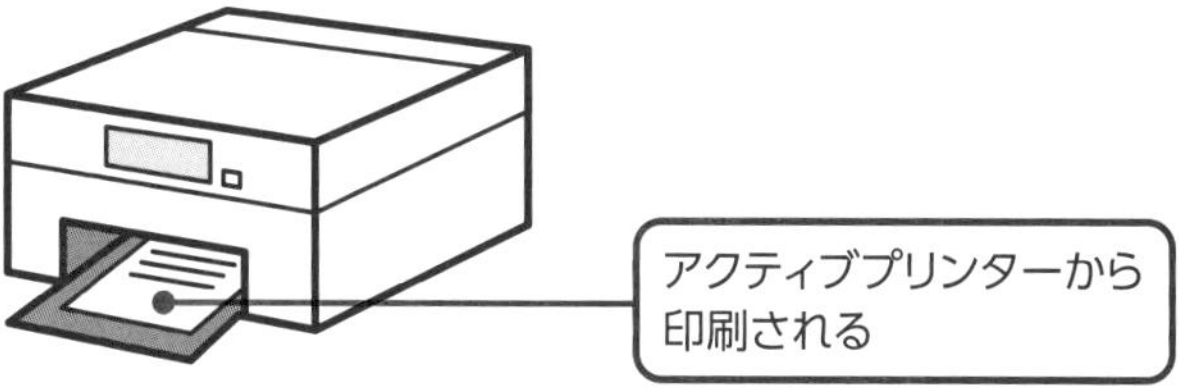

ここをコピって書き換えよう

```
Activesheet.PrintOut
```

印刷の対象

One Point

- 印刷の対象を以下のようにセル範囲で書くこともできます。

```
Range("A1:D20").PrintOut
```

- 開いているブックのすべてのシートを印刷する場合、以下のように書きます。

```
ActiveWorkbook.PrintOut
```

Section 053

PDFファイルへの出力

●電子ファイルで残しておきたい

紙に印刷せず、電子ファイルで保管する代表的な形式として、ＰＤＦファイルがよく使われます。ＶＢＡにはシートに対して「ExportAsFixedFormat」（別形式へエクスポートする）という命令があり、ＰＤＦファイルにも対応しています。

「Type:=xlTypePDF」と形式をＰＤＦへ指定して、「Filename:=〝作成したいＰＤＦファイルのパス〟」と書けば、開いているシートをＰＤＦに出力することができます。余白や印刷範囲、改ページなどの設定も、紙への印刷と同様に、出力するＰＤＦファイルへ反映されます。

なお、すでに同じ場所と名前のファイルが存在していた場合は強制的に上書き保存されます。２２２ページでファイルの検索方法を紹介していますので、ファイルが存在していたら上書き確認のメッセージを出す、などの工夫をするとよいでしょう。

▼プログラム

```
Sub sample053()
  ActiveSheet.ExportAsFixedFormat _
    Type:=xlTypePDF, _
    Filename:= "C:¥Sample¥ex¥053.pdf"
End Sub
```

別形式へエクスポート

PDF形式を指定

パスを指定

実行結果

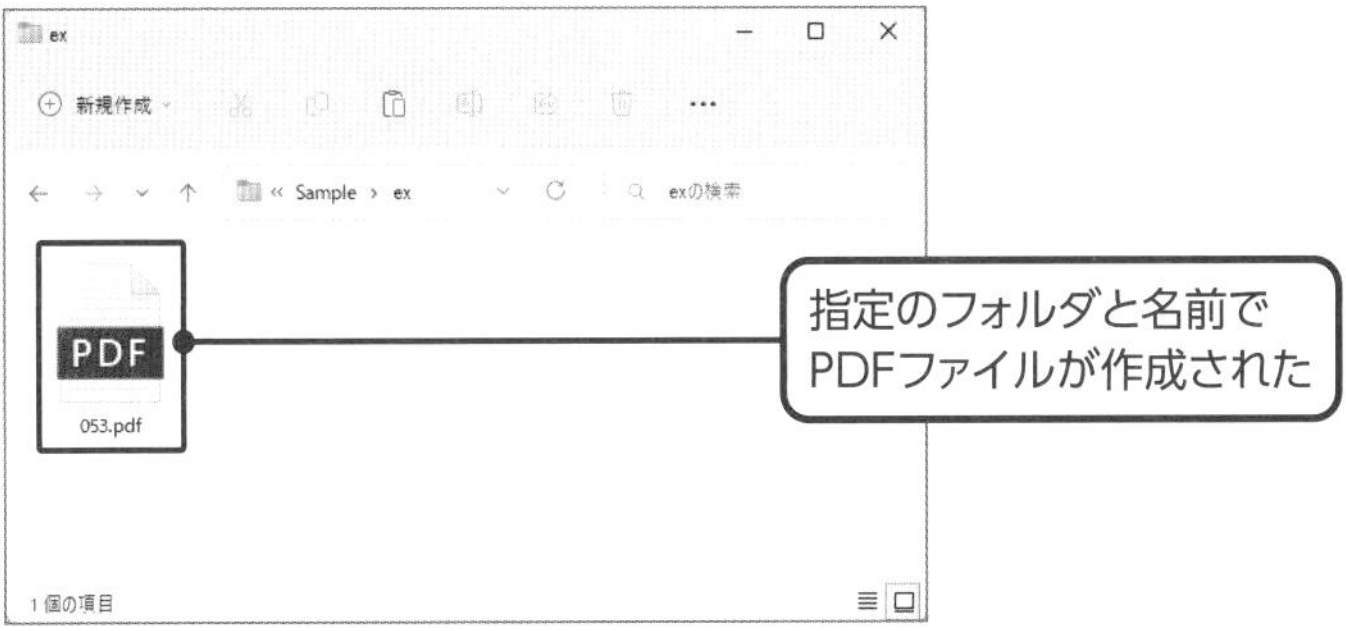

ここをコピって書き換えよう

```
Filename:= "C:¥Sample¥ex¥053.pdf"
```

作成したいPDFファイルのパス

One Point

出力命令の直前（1行目と2行目の間）に「Worksheets.Select」を入れると、すべてのシートが対象になり、ブック内のすべてのシートが結合PDFになって出力されます。

Column

右端の _（アンダースコア）は下の行とつながっている

91ページのSection37のような、行の右端に「_」（アンダースコア）が書かれているものは、1つの命令が改行して書かれています。

VBAは基本的に、1行で1つの命令を書きます。命令に必要な材料が多い場合、長い1行になってしまいます。改行を使うと、VBEに1行の命令であると認識させたまま、人間がわかりすいようにプログラムを整形することができます。

```
Range("A1:B4").Sort Key1:=Range("A1"), Order1:=xlAscending
```

元の形は1行

```
Range("A1:B4").Sort _
    Key1:=Range("A1"), _
    Order1:=xlAscending
```

改行

Tab キーでインデント（字下げ）するとわかりやすい

Chapter

6

オブジェクトの操作

Section 054

画像の挿入

●写真などの画像をワークシートへ挿入する

商品名の一覧があって、いずれかを選んだら、その写真を見ることができる、ということができたら便利ですよね。そんな場合、画像のパスも一覧に含めておいて、それを利用して画像の挿入を行うとよいでしょう。**挿入は「ActiveSheet.Pictures.Insert("画像のパス")」と書きます**。これを実行すると、「ActiveSheet」（表示されているシート）の選択されているセルの位置へ、指定した画像が挿入されます。

挿入するだけなら「ActiveSheet.Pictures.Insert("画像のパス")」だけで構いませんが、左ページのプログラムではプラスして「.Name」という属性で任意の名前を設定しています。名前をつけておけば、あとで移動、大きさの変更、削除などの操作を行うときに、どの画像を対象にするか指定することができます。

ちなみに、「パス」とはファイルの住所のようなものです。ファイルの置いてある場所を、一番上の階層のフォルダー名からすべて記述します。ファイルの種類を表す拡張子まで忘れずに含めてください。

▼プログラム

```
Sub sample054()
  With ActiveSheet.Pictures.Insert("C:¥Sample¥ex¥054.jpg")
    .Name = "img01"
  End With
End Sub
```

画像の挿入

名前をつけておく

実行結果

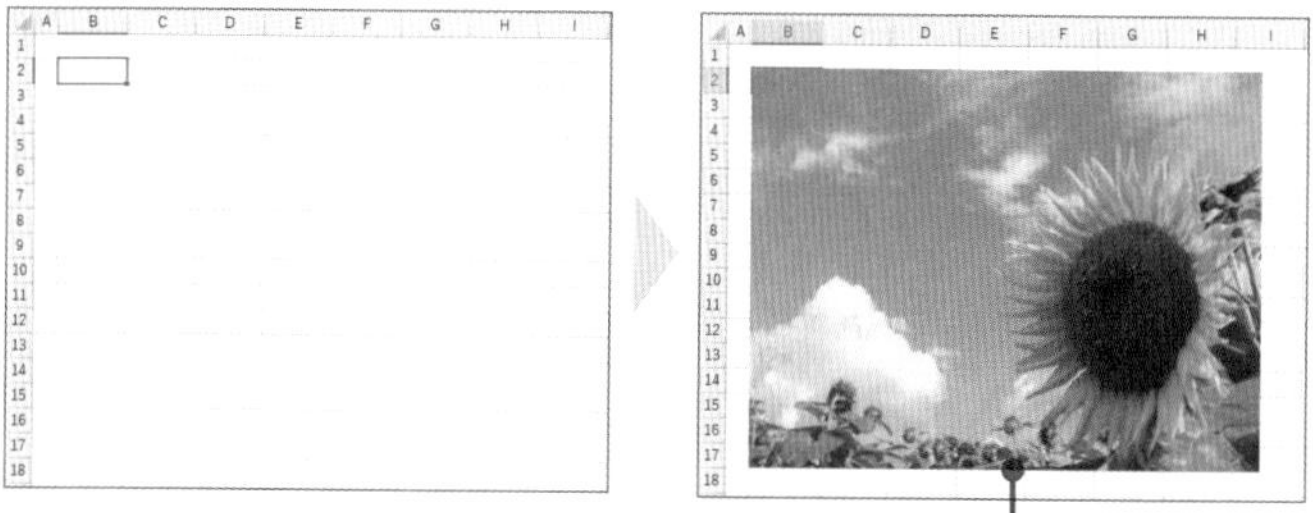

ここをコピって書き換えよう

```
With ActiveSheet.Pictures.Insert("C:¥Sample¥ex¥054.jpg")
    .Name = "img01"
```

オブジェクトの名前

挿入する画像のパス

One Point

➔ 挿入は「ActiveSheet.Pictures.Insert("C:¥sample.jpg")」だけでもOKですが、名前をつけておくと、あとで操作するときに便利です。

Section 055

図形の挿入

Excelに用意されているさまざまな図形が利用できる

図形の挿入をＶＢＡで行うと、正確な位置と大きさで作図ができます。正確な形を等間隔で並べてパターンを作る用途では、手動よりもＶＢＡのほうが向いています。

図形の挿入は、左ページのプログラムの２行目で書かれている命令で行います。**「AddShape」（シェイプの追加）の部分が図形の挿入を表し**、３行目でその詳細を指定します。「msoShapeRectangle」は「四角形」を表していて、ほかにも手動で図形の挿入を行うときに表示されるアイコンはすべて指定できます。ここではとても書ききれないので、「vba」「AddShape」「種類」などのワードで検索してみてくださいね。図形の形に続いて、左からの距離、上からの距離、幅、高さを数値（単位はｐｔ）で順番に指定します。

セル内に入力するデータ以外の、ワークシート上に挿入される画像・図形・グラフなどを総称して、「オブジェクト」と呼びます。あとでこのオブジェクトを操作するときのために、４行目のように名前をつけておきましょう。

▼プログラム

```
Sub sample055()
  With ActiveSheet.Shapes.AddShape( _
    msoShapeRectangle, 20, 10, 100, 50)
    .Name = "rtg01"
  End With
End Sub
```

挿入

詳細設定

名前をつける

実行結果

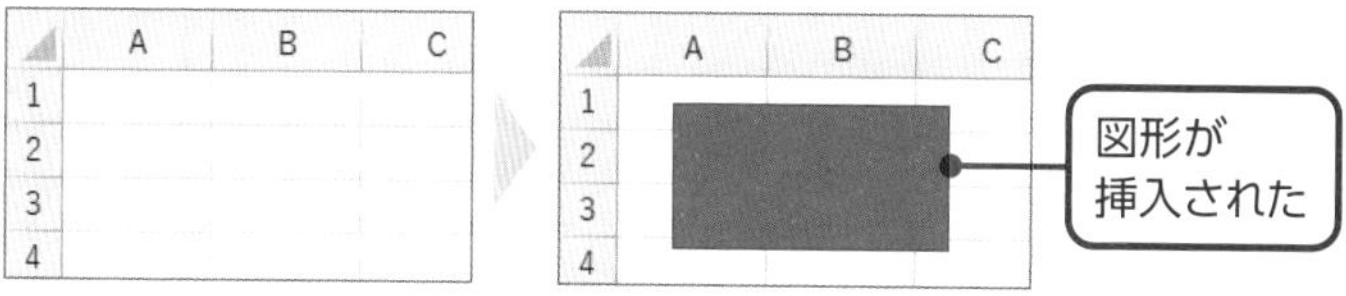

ここをコピって書き換えよう

```
msoShapeRectangle, 20, 10, 100, 50

.Name = "rtg01"
```

幅、高さ

左から、上からの距離

図形の種類

オブジェクトの名前

One Point

➔ 図形の種類は、以下をはじめたくさんあります。

値	種類
msoShapeIsoscelesTriangle	二等辺三角形
msoShapeOval	楕円
msoShapeRightArrow	右向きブロック矢印
msoShapeRectangularCallout	四角形吹き出し

Section

056 テキストボックスの挿入

任意のテキストを書き込める図形

セルはどうしても表の形にレイアウトが縛られてしまいます。自由な場所に文字を配置したい場合、テキストボックスを使うとよいでしょう。テキストボックスは、図形の挿入と書き方が似ていて、**「AddTextbox」（テキストボックスの追加）で挿入**します。詳細は、文字の向き、左からの距離、上からの距離、幅、高さを数値で順番に指定します。

挿入と同時に、4行目の「TextFrame.Characters.Text」で表示されるテキストの内容も指定できます。併せて、オブジェクト名の設定もしておきましょう。

テキストボックスは挿入後に「ActiveSheet.Shapes("オブジェクト名").TextFrame.AutoSize = True」と書いて実行するとテキストに合わせて大きさを自動調整することができます。ただしその場合も、挿入時の幅と高さは省略できません。オブジェクト名は挿入のときにつけた名前を使ってください。

▼プログラム

```
Sub sample056()
  With ActiveSheet.Shapes.AddTextbox( _
    msoTextOrientationHorizontal, 20, 10, 100, 50)
    .TextFrame.Characters.Text = "aaa"
    .Name = "txb01"
  End With
End Sub
```

挿入

詳細設定

表示する文字列

名前をつける

実行結果

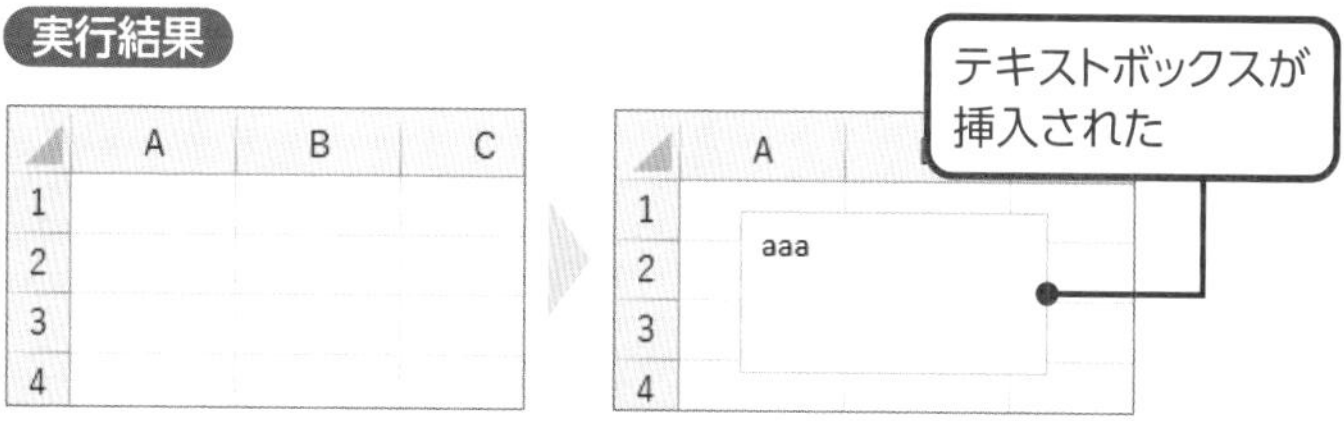

ここをコピって書き換えよう

```
msoTextOrientationHorizontal, 20, 10, 100, 50)
.TextFrame.Characters.Text = "aaa"
.Name = "txb01"
```

幅、高さ

文字列の向き

左から、上からの距離

オブジェクトの名前

表示する文字列

One Point

➔ 縦書きの場合、文字列の向きを以下のように書きます。

msoTextOrientationVerticalFarEast

Section 057

グラフの挿入

グラフもＶＢＡで操作できる

Excelの表計算ソフトとしての強力な機能として外せないのは、やはりグラフです。範囲を選択してワンクリックで、きれいなグラフがとてもかんたんに作成できますよね。同じ範囲、同じ形のグラフならデータだけ差し替えればよいですが、毎回範囲が違うとか、特定の部分だけ違う色にしたいとか、面倒な部分があるグラフはＶＢＡに向いています。

ＶＢＡでの**グラフの挿入は「AddChart」**と書きます。どんなグラフにするかは、左ページの４行目のように「ChartType」（グラフの種類）で指定します。ワンポイントで紹介した形のほか、「xlBubble」（バブルグラフ）、「xlColumnStacked」（積み上げ縦棒グラフ）など、たくさんの種類が指定できます。

ここで紹介しているコードは最低限のもので、ご存知のとおりグラフはタイトルや凡例、軸やラベルなど本当に多くの項目があり、それらもすべてＶＢＡで操作することができます。ここではとても書ききれませんが、ＶＢＡで細かい設定まで自動化できたらいろんな効率化ができそうですね。

▼プログラム

```
Sub sample057()
  With ActiveSheet.Shapes.AddChart
    .Chart.SetSourceData Range("A1:D4")
    .Chart.ChartType = xlColumnClustered
    .Name = "cht01"
  End With
End Sub
```

挿入

データ範囲

グラフの種類

名前をつける

実行結果

	A	B	C	D
1	月別個数	A	B	C
2	1月	5	3	3
3	2月	3	4	2
4	3月	4	2	4

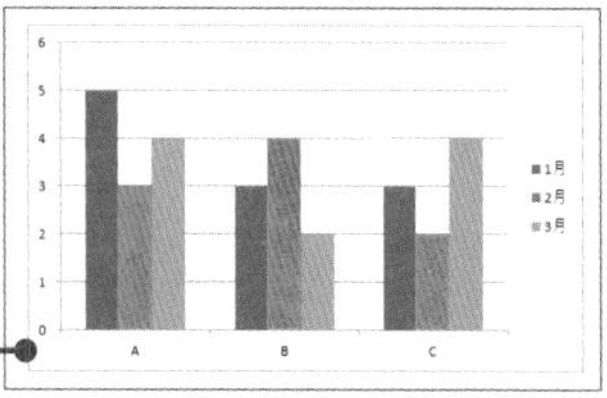

グラフが挿入された

ここをコピって書き換えよう

```
.Chart.SetSourceData Range("A1:D4")
.Chart.ChartType = xlColumnClustered
.Name = "cht01"
```

元データの範囲

グラフの種類

オブジェクトの名前

One Point

➔ グラフの種類は、以下をはじめたくさんあります。

値	種類
xlColumnClustered	集合縦棒グラフ
xlLine	折れ線グラフ
xlLineMarkers	マーカー付き折れ線グラフ
xlPie	円グラフ

Section 058

オブジェクトの移動

挿入した画像や図形の位置を変更する

ここまで、画像や図形、テキストボックスやグラフなどのオブジェクトの挿入と一緒に、オブジェクト名の設定も行ってきました。**シート上のオブジェクトは「ActiveSheet.Shapes("オブジェクト名")」と書くことで指定**できるので、挿入時に設定した名前を指定すれば、挿入されたオブジェクトを任意の場所に動かすことができます。なお、オブジェクト名は名前ボックスで参照できます（１４５ページ参照）。

かんたんに書けば「.Top = 10」と数値（単位はｐｔ）で指定できますが、左ページのプログラムでは「.Top = Range("B2").Top」と書いてあります。これは「上からの距離をB2セルの上辺に合わせる」意味になります。左からの位置も同様です。数値で指定する場合、実際どのあたりの位置に移動するか想像しづらいので、セルの位置を利用すると場所がわかりやすくなります。

「B2セル上辺よりちょっと下」にしたければ、「.Top = Range("B2").Top + 10」（B2セルの上辺から10ｐｔの位置）と書くとよいでしょう。

▼プログラム

```
Sub sample058()
  With ActiveSheet.Shapes("rtg01")
    .Top = Range("B2").Top
    .Left = Range("B2").Left
  End With
End Sub
```

- .Top = Range("B2").Top：上からの位置
- .Left = Range("B2").Left：左からの位置

実行結果

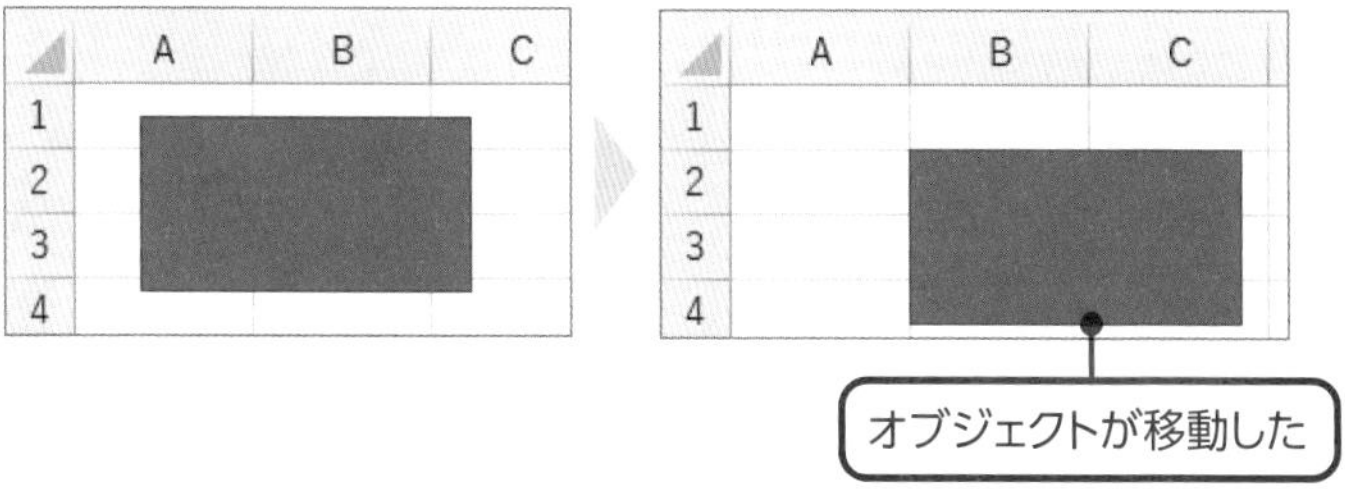

ここをコピって書き換えよう

```
With ActiveSheet.Shapes("rtg01")
    .Top = Range("B2").Top
    .Left = Range("B2").Left
```

- "rtg01"：オブジェクト名
- Range("B2").Top：上からの位置
- Range("B2").Left：左からの位置

One Point

- 数値で指定も可能です（単位はpt）。
- 「Range("B2").Top+10」などの合わせ技も可能です。

Section 059

オブジェクトの大きさの変更

縦横比の固定ON／OFFに注意

オブジェクトの大きさも、「ActiveSheet.Shapes("オブジェクト名")」と指定すれば変更できます。「Width」は幅、「Height」は高さを表します。位置の指定と同じように、幅や高さも数値のほかにセルの列幅や行高を利用して指定することができます。

たとえば「Range("B2:C2").Width」と書くと、「B2からC2の幅」という意味になります。そのときのセルの列幅や行高を利用できるので、具体的な大きさが想像できてかんたんです。

大きさの変更では縦横比にも配慮しましょう。縦横比が固定されていると、幅もしくは高さのどちらかの変更に合わせて、もう一方が元の大きさの比率に自動で変更されます。縦横比が固定されているかどうかはオブジェクトによってデフォルトの値が異なるので、必要であれば大きさを変更する直前に「LockAspectRatio」の値を「True」（固定する）または「False」（固定しない）に設定する命令も加えましょう。

▼プログラム

```
Sub sample059()
  With ActiveSheet.Shapes("rtg01")
    .LockAspectRatio = False
    .Width = Range("B2:C2").Width
    .Height = Range("B2:B4").Height
  End With
End Sub
```

縦横比（.LockAspectRatio = False）
幅（.Width = Range("B2:C2").Width）
高さ（.Height = Range("B2:B4").Height）

実行結果

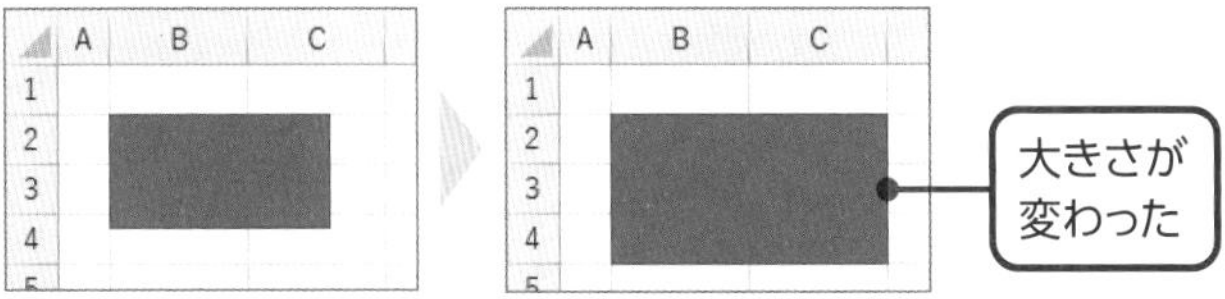

ここをコピって書き換えよう

```
With ActiveSheet.Shapes("rtg01")
    .LockAspectRatio = False
    .Width = Range("B3:C3").Width
    .Height = Range("B2:B4").Height
```

"rtg01"：オブジェクト名
False：縦横比固定するか
Range("B3:C3").Width：幅
Range("B2:B4").Height：高さ

One Point

縦横比を固定にする場合、「LockAspectRatio」を「True」にします。その場合、あとに書いたほうの幅または高さが優先され、もう一方は元の比率で自動で調整されます。

Section
060 オブジェクトの枠線の変更

外周の枠を操作する

一旦挿入したオブジェクトの中から特定のものだけ目立たせたい場合、枠線を変更するのも1つの手段です。**オブジェクトの枠線は、「ActiveSheet.Shapes("オブジェクト名").Line」と書いて指定**します。図形だけでなく、画像やグラフなどさまざまなオブジェクトで枠線の設定が可能です。枠線は、太さや色のほかに、一重線・二重線などの線の種類や、実線・破線などの線の形も変更することができます。

特定のものを目立たせるには、それ以外のものを目立たせないようにして差をつけないと効果が薄くなってしまいます。ほかのオブジェクトの枠線を消したい場合、「.Line.Visible = msoFalse」にすると枠線が非表示になります。ただし、非表示状態で枠線の変更をしても見えないので、再度表示する場合は「.Line.Visible = msoTrue」を実行してください。

なお、このプログラムはオブジェクトの外周を変化させるので、グラフのようなたくさんの要素が重なっているオブジェクトの場合は、もっとも外側の枠に適用されます。

▼プログラム

```
Sub sample060()
  With ActiveSheet.Shapes("rtg01").Line
    .Weight = 10
    .ForeColor.RGB = RGB(255, 0, 0)
    .Style = msoLineThinThick
  End With
End Sub
```

太さ
色
線の種類

実行結果

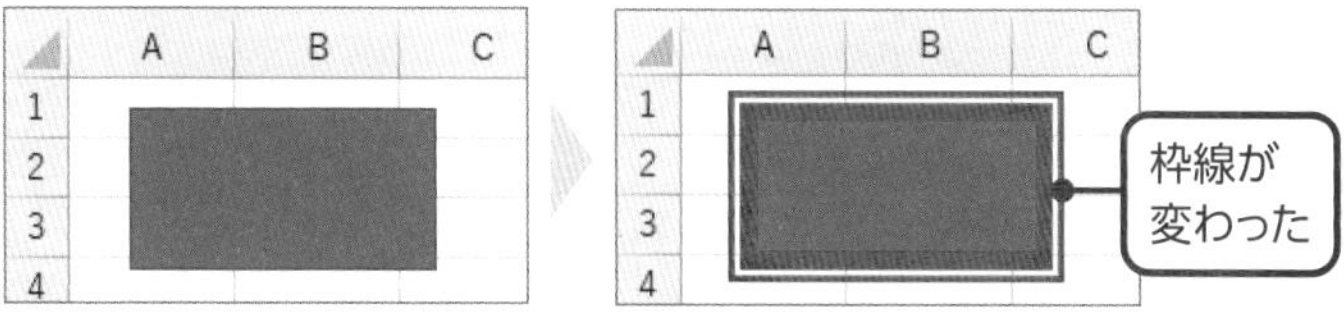

ここをコピって書き換えよう

```
With ActiveSheet.Shapes("rtg01").Line
  .Weight = 10
  .ForeColor.RGB = RGB(255, 0, 0)
  .Style = msoLineThinThick
```

オブジェクト名
太さ
色
線の種類

One Point

➔ 線の種類には以下のものがあります。

値	種類	値	種類
msoLineSingle	一重線	msoLineThinThick	細太二重線
msoLineThinThin	細二重線	msoLineThickThin	太細二重線

Section 061

オブジェクトの背景色の変更

透明度まで設定できる

オブジェクトが多い場合、情報のグループごとに色を揃えると視覚的に区別しやすくなるので、背景色にも気を配りましょう。**背景色は、「ActiveSheet.Shapes("オブジェクト名").Fill」で操作**できます。

色は「RGB(0, 0, 0)」の記述（RGB関数）を使います。最小値が「(0, 0, 0)」で黒を表し、最大値が「(255, 255, 255)」で白を表します。光の三原色を表していて、光がゼロならば真っ暗で、赤緑青が均等に混ざると最終的に白くなるからです。色の三原色は最初が白で、色を混ぜていくと最後に黒になるので、真逆といえますね。

色を変えるだけでなく、Office 2007からは「透明度」も設定できるようになりました。透明度は0~1の範囲で表すので、50%なら0.5、25%なら0.25のように書きます。半透明のオブジェクトを複数重ねてみるのもよいですね。

ちなみに、背景色をなしにする場合、「ActiveSheet.Shapes("オブジェクト名").Fill.Visible = False」と書きます。

▼プログラム

```
Sub sample061()
  With ActiveSheet.Shapes("rtg01").Fill
    .ForeColor.RGB = RGB(255, 0, 0)
    .Transparency = 0.5
  End With
End Sub
```

色

透明度

実行結果

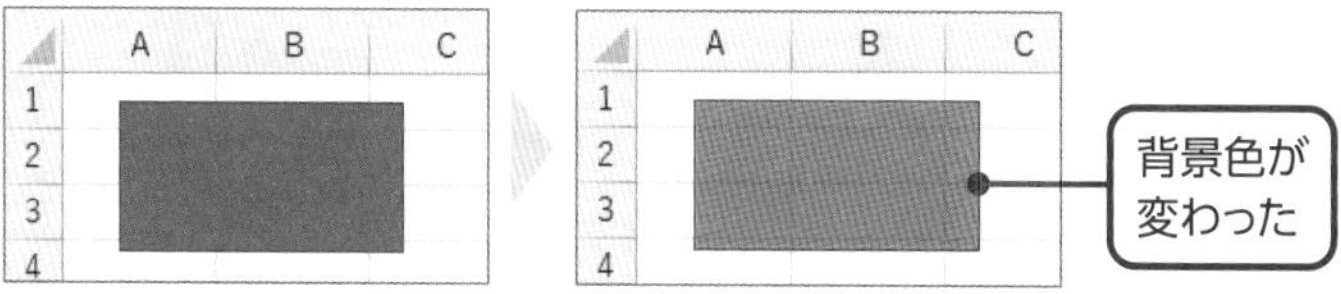

ここをコピって書き換えよう

```
With ActiveSheet.Shapes("rtg01").Fill

  .ForeColor.RGB = RGB(255, 0, 0)

  .Transparency = 0.5
```

オブジェクト名

色

透明度

One Point

➔ 透明度は、0が最小値で不透明になり、1が最大値で透明になります。

Section
062 オブジェクトの削除

●不要な図形はこまめに整理

通常作業なら、挿入した画像や図形は選択して Delete キーを押せば削除できますが、プログラム内でオブジェクトの削除が必要になるのはどんな場面があるでしょうか？

たとえば、プログラムの動作中に一時的に図形や写真を挿入・利用するケースが考えられます。用が済めば残しておく必要がないものは、利用したオブジェクトを削除する命令まで含めてしまえば、プログラムが終了するときには片付けまで終わっていてスマートです。

プログラムはシンプルで、**「ActiveSheet.Shapes("オブジェクト名").Delete」と書けば指定したオブジェクトを削除**することができます。オブジェクト名は、選択時にシート左上の「名前ボックス」で確認できます。挿入時にオブジェクト名を指定しなかった場合は自動で名前がつきます。

なお、シート上にあるすべての画像・図形を一度に削除したい場合、「ActiveSheet.DrawingObjects.Delete」と書けば一掃できます。「ActiveSheet」を「Sheets("○○")」とシート名を指定してもＯＫです。

▼プログラム

```
Sub sample062()
  ActiveSheet.Shapes("rtg01").Delete
End Sub
```

実行結果

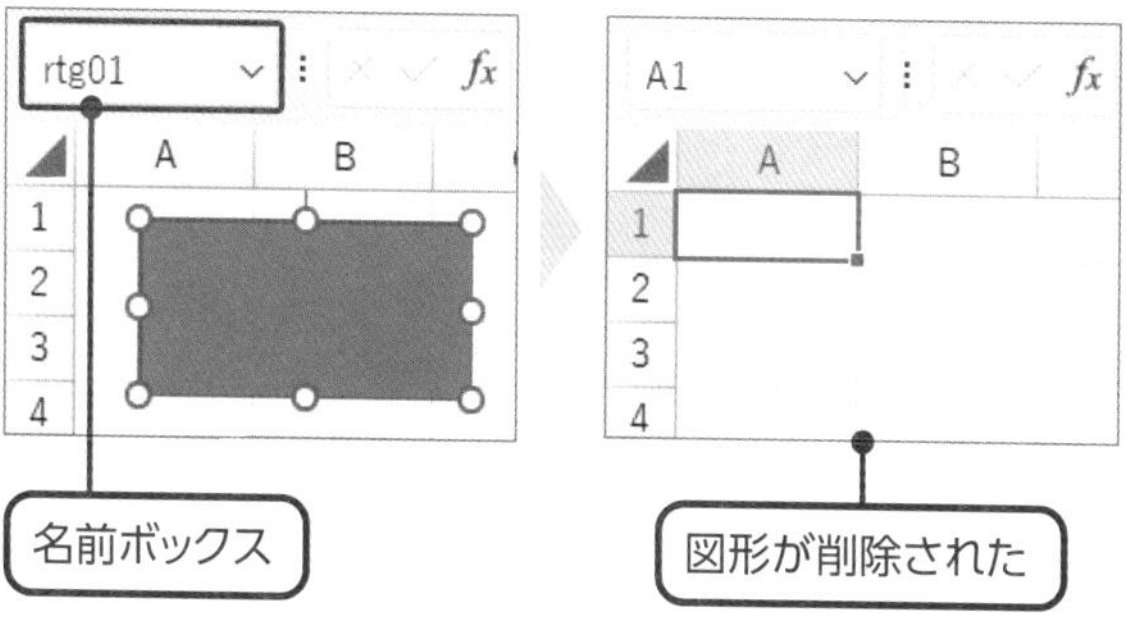

ここをコピって書き換えよう

```
ActiveSheet.Shapes("rtg01").Delete
```

"rtg01"：オブジェクト名

One Point

シート上のすべての画像・図形を一度に削除するには以下のように書きます。

```
ActiveSheet.DrawingObjects.Delete
```

Section 063

オブジェクトの重なり順の変更

順番が変われば見え方が変わる

オブジェクトは挿入した順番でどんどん手前へ重なっていきますが、あとからその重なりの順番を変更したいこともあります。あとから挿入したものを最背面に移動させるなど、手動でも利用するケースが多いのではないでしょうか。

重なりは「ZOder」（Zの順序）で指定することができます。グラフなどでX軸（横）、Y軸（縦）という表現は聞いたことがあるかもしれません。この2つだけだと平面ですが、そこへZ軸（高さ・奥行き）という3つ目の軸を追加すると立体を表すことができます。「ZOder」はこのZ軸の順序を変更できる命令なのです。

設定できる要素は4つで、「msoBringForward」（1つ前面へ）「msoSendBackward」（1つ背面へ）のように1つずつ移動させるものと、「msoBringToFront」（最前面へ）「msoSendToBack」（最背面へ）と一番手前、一番奥へ移動できるものがあります。

▼プログラム

```
Sub sample063()
  ActiveSheet.Shapes("rtg01").ZOrder msoSendBackward
End Sub
```

実行結果

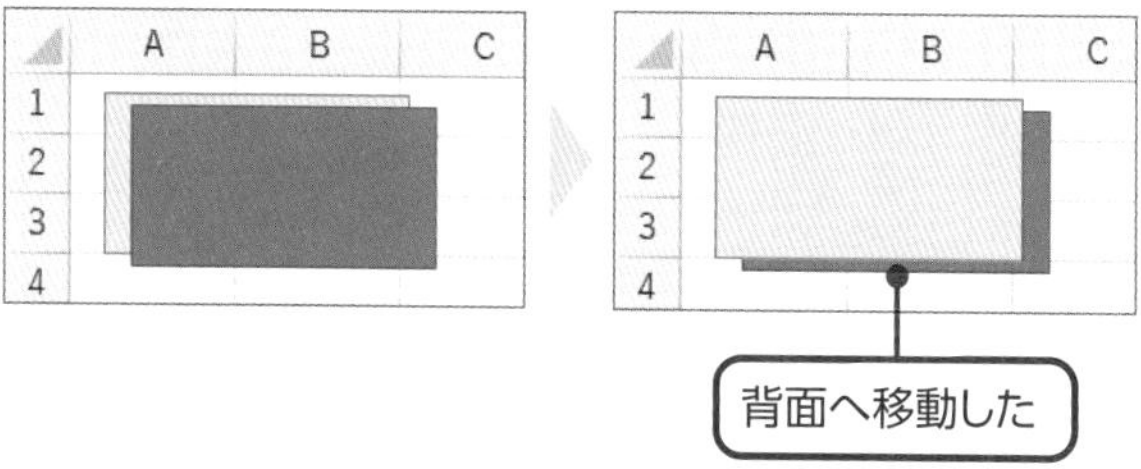

ここをコピって書き換えよう

```
ActiveSheet.Shapes("rtg01").ZOrder msoSendBackward
```

"rtg01"：オブジェクトの名前

msoSendBackward：移動する位置

One Point

➔ 移動する位置は、以下のように設定できます。

値	内容
msoBringForward	前面へ
msoSendBackward	背面へ
msoBringToFront	最前面へ
msoSendToBack	最背面へ

Section 064

オブジェクトの整列

●端を合わせてきれいに整列

複数のオブジェクトがあるとき、それを適当に配置してしまうと散らばっている印象になってしまうかもしれません。端に合わせる、中央に合わせる、などのルールに従って整列しているだけで見た目の美しさに違いが出ます。

手動で動かしてもよいですが、Excelには「整列」させる機能が備わっているので、それを使ったほうが確実でかんたんです。

VBAでは**「Array("オブジェクト名1","オブジェクト名2","オブジェクト名3")」のように整列したいオブジェクトすべての名前を指定して、どの位置を基準に整列させるかを命令**します。ワンポイントにあるように上下左右の端を基準にできるほか、「msoAlignCenters」で垂直（縦）方向の中央に、「msoAlignMiddles」で水平（横）方向の中央に揃えることも可能です。

▼プログラム

```
Sub sample064()
  ActiveSheet.Shapes.Range( _
    Array("img01", "img02", "img03") _
    ).Align msoAlignTops, False
End Sub
```

実行結果

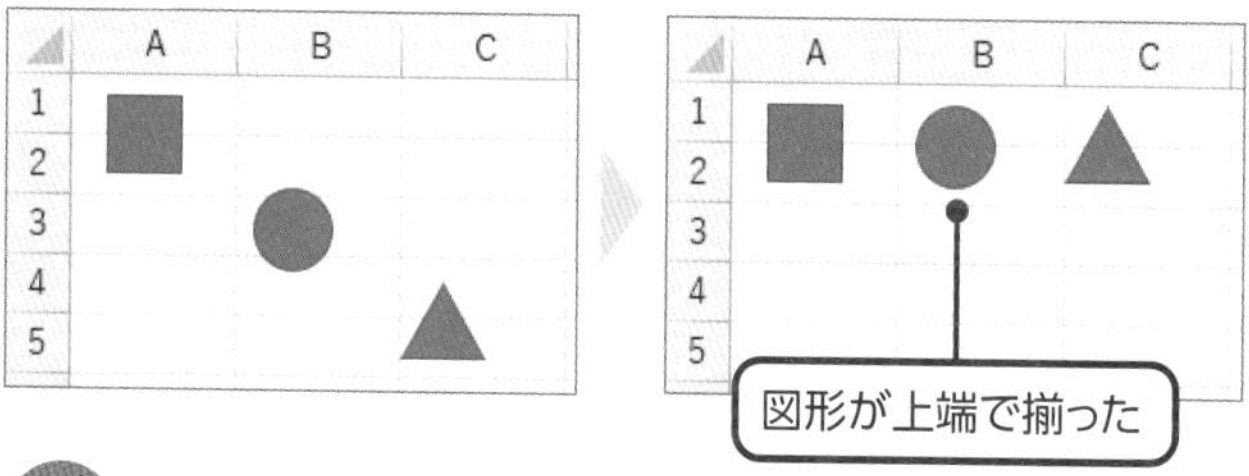

ここをコピって書き換えよう

```
Array("img01", "img02", "img03") _
).Align msoAlignTops, False
```

揃える位置

対象すべてのオブジェクト名

One Point

➔ 移動する位置は、以下のように設定できます。

値	内容
msoAlignTops	上端
msoAlignRights	右端
msoAlignBottoms	下端
msoAlignLefts	左端

Section

065

オブジェクトのグループ化

ひとまとまりにして操作できる

図形に引き出し線とテキストボックスをつけて図解を作成したい場合、そのままだと移動のときに大変です。ズレたり見失ったり、すべて選択したつもりが漏れていて一部だけ取り残されるなんてことも。このような複数のオブジェクトをひとまとめに扱いたいとき、「グループ化」すると便利です。

VBAでは「Array("オブジェクト名1","オブジェクト名2","オブジェクト名3")」のようにまとめたいオブジェクトすべての名前を指定して、その**まとまったオブジェクトのグループ名を「Group.Name = "グループ名"」と設定**します。ここまで紹介してきたオブジェクトの操作は、オブジェクト名の部分をグループ名にすれば、グループ単位で操作することができます。

グループは一度設定しても「ActiveSheet.Shapes("グループ名").Ungroup」でかんたんに解除もできるので、気軽に使えます。

▼プログラム

```
Sub sample065()
  ActiveSheet.Shapes.Range( _
    Array("img01", "img02", "img03") _
    ).Group.Name = "group01"
End Sub
```

実行結果

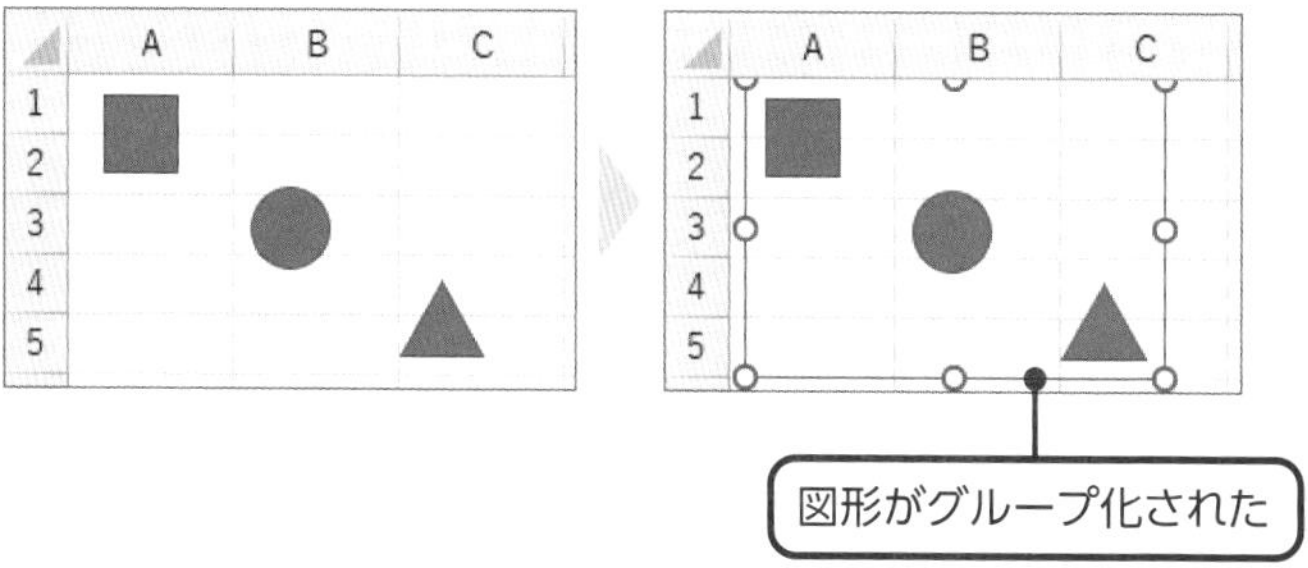

ここをコピって書き換えよう

```
Array("img01", "img02", "img03") _
).Group.Name = "group01"
```

グループ名

対象すべてのオブジェクト名

One Point

グループを解除するには以下のように書きます。

```
ActiveSheet.Shapes("グループ名").Ungroup
```

Section 066

オブジェクトの回転

回して組み合わせたら表現が広がる

挿入したオブジェクトは、回転させることもできます。たとえば矢印の画像や図形をコピー&ペーストして、片方を180°回転させれば、往復を表現する図形にすることができますよね。平行四辺形の図形を回転させて組み合わせれば、立体的な箱を描くこともできます。

このように、いろんな形を組み合わせたり回転させたりすれば、工夫次第でいろんな表現ができるようになります。

VBAでは**「ActiveSheet.Shapes("オブジェクト名").Rotation = 角度」で実行**できます。角度は正の数値を書けば時計回りに、負の数値を書けば反時計回りに回転します。オブジェクト名の部分をグループ名にすれば、いろんな図形を組み合わせてひとまとまりになったグループを回転させることができるので便利です。

▼プログラム

```
Sub sample066()
  ActiveSheet.Shapes("img01").Rotation = 45
End Sub
```

実行結果

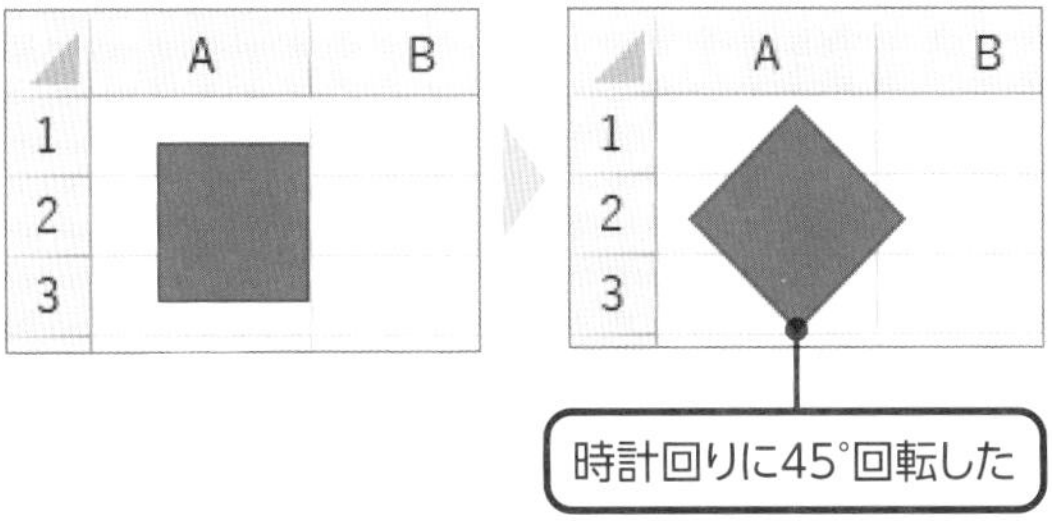

ここをコピって書き換えよう

```
ActiveSheet.Shapes("img01").Rotation = 45
```

"img01"：オブジェクトの名前
45：角度

One Point

- 反時計回りに傾けたい場合、マイナスの数値を入力します。

Column

VBEの入力アシスト

VBEのオプションで図の部分にチェックを入れておくと、入力中に役に立つヒントを表示させることができます。

その対象の持つプロパティやメソッドの予測の表示は、↑↓で選んでTabキーで確定できるので、かんたんです。ほかにも、入力中の命令文に必要な材料（引数）が何かを教えてくれたり、F8実行中（180ページ参照）に変数にカーソルをかざすと、現在の値を教えてくれたりして便利です。

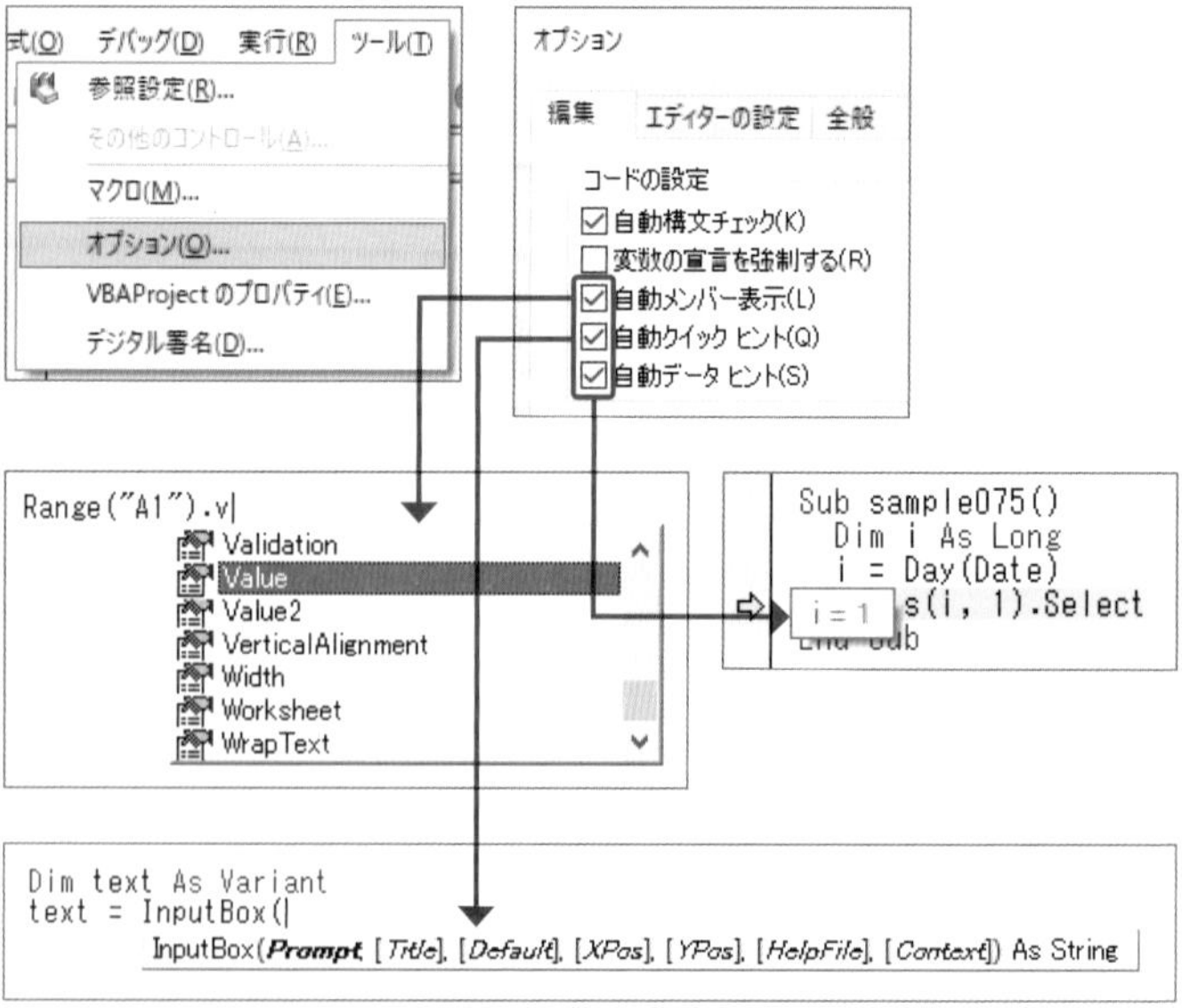

Chapter 7

ファイルの操作

Section 067

ブックの保護

ブックのシート構成をロックする

ユーザーにシート構成を変更されたくない場合、ブックの保護を行いましょう。ブックの保護は、シートの挿入、削除、コピー、移動、名前の変更、非表示や再表示をロックする機能です。実行後、シート名を右クリックして表示されるメニューのうち、一部がグレーアウトします。リボンの「校閲」タブの「保護」グループにある「ブックの保護」からでも設定することができます。

一部のシートを非表示にしておいてからブックの保護を行うと、ユーザーが閲覧／操作できないシートを持たせたブックを作ることができます。

ただし、パスワードは忘れると回復できないので注意してください。**パスワードを設定しない場合、「Password:=""」でも実行できます**。この場合、リボンの「ブックの保護を解除」アイコンをクリックすれば誰でも解除することができます。

なお、ここで紹介している保護は、ブック内のシート構成に対する保護で、表示シートへの操作は保護されません。シートの保護も利用したい場合は74ページを参照してください。

▼プログラム

```
Sub sample067()
  ThisWorkbook.Protect Password:="pass"
End Sub
```

実行結果

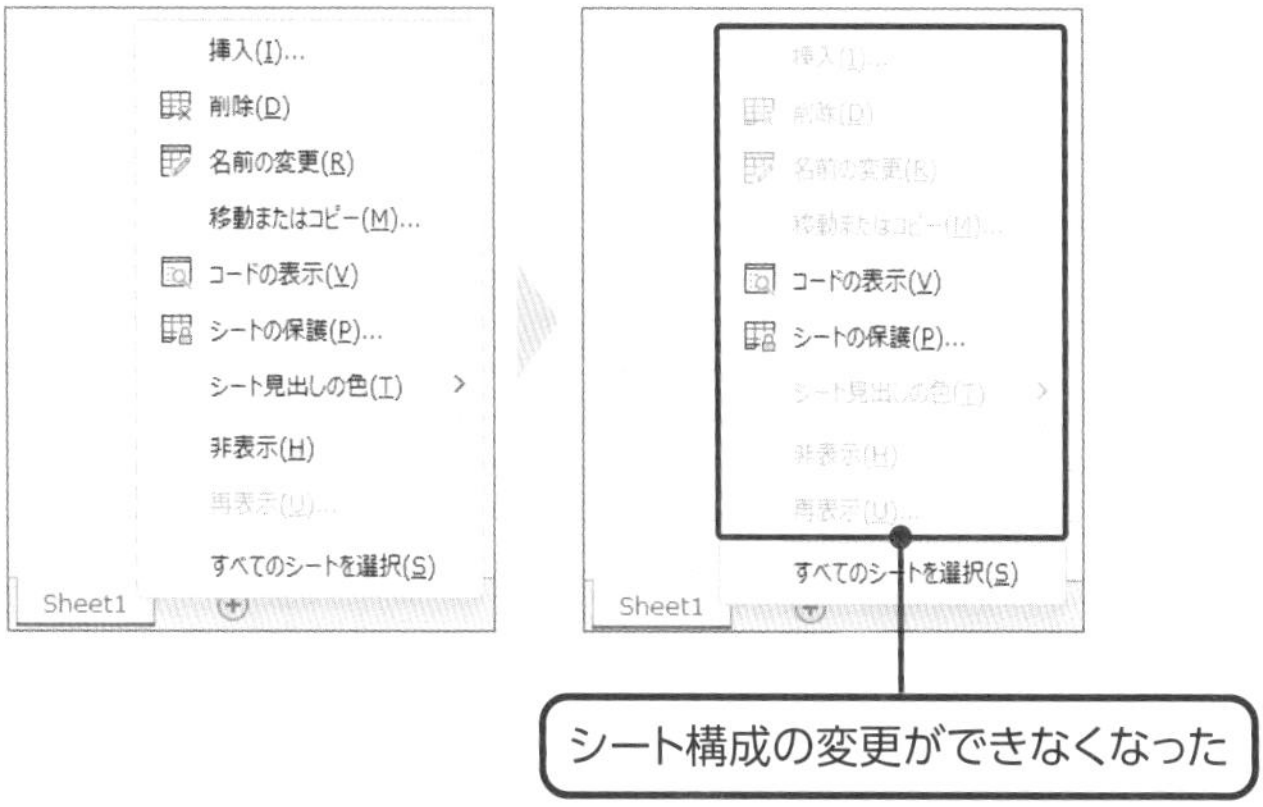

ここをコピって書き換えよう

```
ThisWorkbook.Protect Password:="pass"
```

"pass"：パスワード

One Point

➔ 保護解除は、以下のように書きます。なお、保護した際と同じパスワードが必要です。

```
ThisWorkbook.Unprotect Password:="pass"
```

Section 068

リンクの作成

クリックすると別の情報へジャンプ

セル内の要素に下線が引いてあり、クリックするとＷｅｂブラウザが開く、そんな動作を見たことはありますか？　これは「ハイパーリンク」と呼ばれる機能で、セルの文字列から別の情報へジャンプすることができるしくみです。Ｗｅｂサイトのほかには、メールアドレスやExcel の指定の位置を設定することもできます。

ＶＢＡでは、**リンクを作成するセルと情報、表示する文字列を指定**します。たとえばメールアドレスの@以降が共通の場合、@より前の文字列だけリストに書いてあれば、繰り返し処理を使ってリスト内のすべてにハイパーリンクを作成する、といった使い方ができます。

ハイパーリンクの解除は、「Range("セル位置").Hyperlinks.Delete」で、リンクが消え、セルの文字列は残ります。リンクの作成と解除いずれも、セル位置を指定する場合、単一セルのみ有効で、範囲を指定しても左上の1つのセルのみ作用します。「ActiveSheet.Hyperlinks.Delete」と書くことで、開いているシート上のすべてのハイパーリンクを解除することもできます。

▼プログラム

```
Sub sample068()
  ActiveSheet.Hyperlinks.Add _
    Anchor:=Range("A1"), _
    Address:="https://gihyo.jp/book/", _
    TextToDisplay:="リンク"
End Sub
```

実行結果

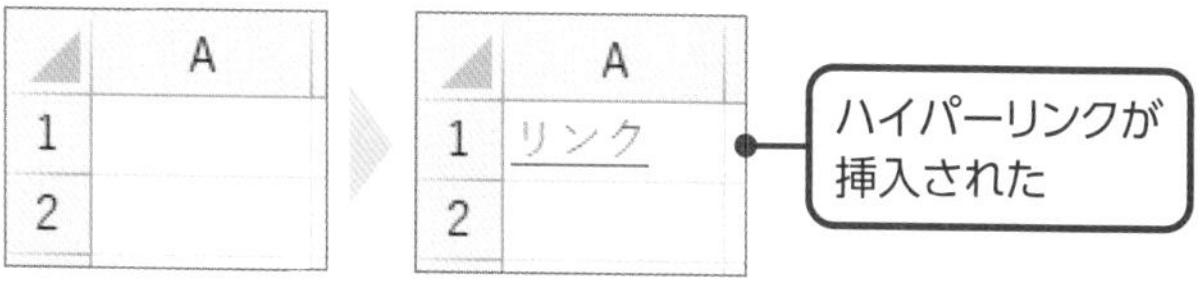

ここをコピって書き換えよう

```
Anchor:=Range("A1"), _
Address:="https://gihyo.jp/book/", _
TextToDisplay:="リンク"
```

- "A1"：リンクを作成するセル
- "https://gihyo.jp/book/"：参照させる情報
- "リンク"：セル上に表示される文字列

One Point

➔ リンクの解除は以下のように書きます。ただし、リンクは消えますがセルの文字列は残ります。

```
Range("○○").Hyperlinks.Delete
```

Section 069

ブックの保存

破損や消失に備えてこまめに保存しておく

ブックの保存は手動でもよく使う機能ですが、プログラムに組み込んでも便利な使い方ができます。たとえば、終了直前に上書き保存の命令を入れておけば、実行するたびに最新状態のブックを更新することができますし、保存先を別ドライブにして別名保存の命令を入れておけば、そのたびに元ファイルから分岐させた状態のファイルを残すこともできます。

ブックの保存は、「保存対象のブック.Save」と書きます。現在プログラムを書いているブックを対象にしたい場合「ThisWorkbook.Save」、ブック名を指定して保存したい場合は「Workbooks("sample.xlsm").Save」のように書きます。自分自身ではない別のブックを対象にすることもできますが、対象ブックは開いている状態でないとエラーになってしまいます。

別名保存の場合、「保存対象のブック.SaveAs "別名保存したいブックのパス"」と書きます。保存先の新しいブックには、拡張子を含むパス（フォルダの住所）が必要なので注意してください。

▼プログラム

```
Sub sample069()
  ThisWorkbook.Save
  ThisWorkbook.SaveAs "C:¥Sample¥ex¥069.xlsm"
End Sub
```

上書き保存

名前をつけて保存

実行結果

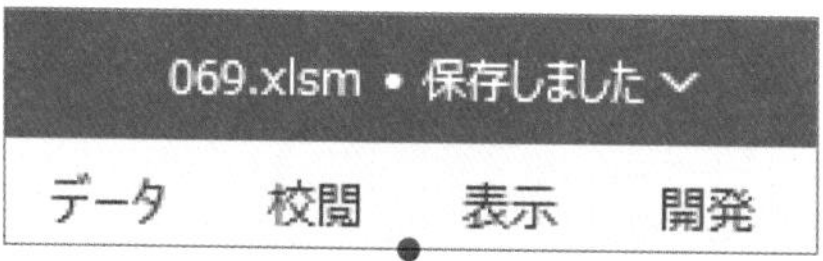

保存された

ここをコピって書き換えよう

```
ThisWorkbook.Save
ThisWorkbook.SaveAs "C:¥Sample¥ex¥069.xlsm"
```

Workbooks("sample069.xlsm")でも可

別名保存したいブックのパス

One Point

「ThisWorkbook」は、「このプログラムが書かれているブック」の意味になります。

Section 070

ブックを開く

別のブックを参照したい

現在作業しているブックとは別に、違うブックを開きたい。よくあるシチュエーションですが、この作業はＶＢＡで書くととても便利です。フォルダやファイルの移動や名称変更には気をつけなければなりませんが、手作業よりも断然速く開くことができます。パスワードつきのブックも、プログラムにパスワードを指定しておくことで動作をストップせずに開けますし、読み取り専用で開くことも可能です。

パスワードつきブックでない、読み取り専用にする必要がない場合は、対象ファイルのパスだけあればＯＫです。その際、「Filename:=」は省略できるので、「Workbooks.Open "C:¥book1.xlsm"」と短く書くこともできます。

ファイル名を生成するプログラム（２０６ページ参照）を工夫して、「Filename:="○○"」部分に組み込めば、そのつど違うブックを開くことも可能です。

▼プログラム

```
Sub sample070()
  Workbooks.Open _
    Filename:= "C:¥Sample¥ex¥070.xlsx", _
    Password:="pass", _
    ReadOnly:=True
End Sub
```

実行結果

ここをコピって書き換えよう

```
Filename:="C:¥Sample¥ex¥070.xlsx", _
Password:="pass", _
ReadOnly:=True
```

- "C:¥Sample¥ex¥070.xlsx" … ファイルのパス
- Password:="pass" … パスワード（パスワードつきファイルの場合）
- ReadOnly:=True … 読み取り専用にしたい場合

One Point

設定なしで開く場合、以下の記述だけでOKです。

```
Workbooks.Open "C:¥Sample¥ex¥070.xlsx"
```

Section 071

ブックを閉じる

ブックを開くプログラムと一緒に使うのがおすすめ

ブックを閉じる、という操作も、もちろんVBAで書くことができます。別のブックを開いたり、保存したり、という動作ができたら、対象のブックを閉じるところまでをプログラムに書いてしまえば、一連の動作がとてもスマートに終了します。

VBAでは、開いている対象のブックに対して「.Close」と書きます。対象のブックが開いていない場合、エラーになるので、注意してください。左ページの例では、「071.xlsx」を開いておく必要があります。実行すると、ブックに変更がなければそのまま閉じますが、変更があった場合は保存を尋ねるメッセージが表示されて一時停止します。この**メッセージを出さずに閉じたい場合は、「.Close」のあとに半角スペースを空けて「saveChanges:=True/False」を書いておく**とよいでしょう。

「ThisWorkbook.Close」と書けば自分自身（プログラムが書かれているブック）を閉じることもできますが、そこから先に書かれたプログラムは実行できません。

▼プログラム

```
Sub sample071()
  Workbooks("071.xlsx").Close
End Sub
```

実行結果

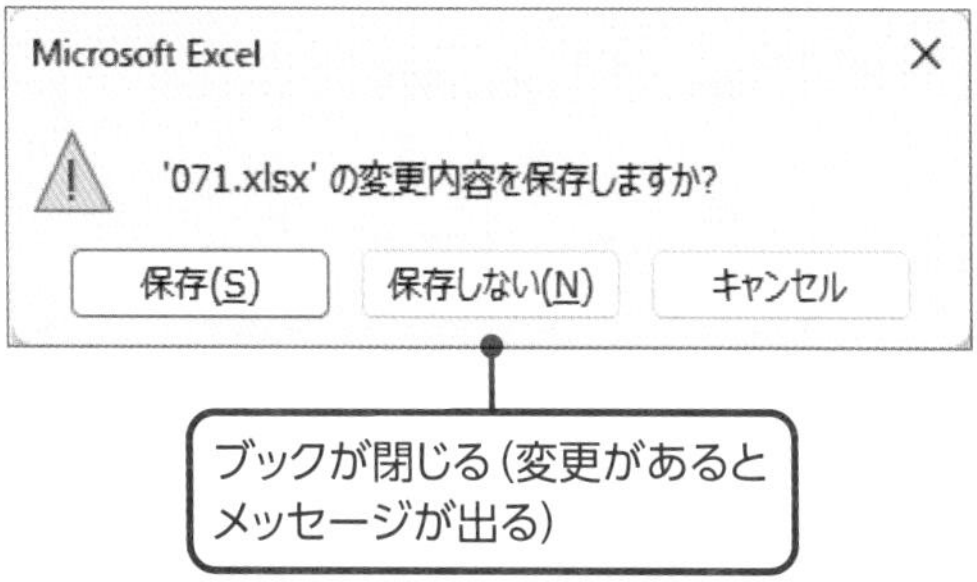

ここをコピって書き換えよう

```
Workbooks("071.xlsx").Close saveChanges:=True
```

"071.xlsx" → 対象のブック名

saveChanges:=True → 保存メッセージの制御
True→保存して閉じる
False→保存せず閉じる

One Point

➔ 保存有無のメッセージを出さずにブックを閉じたい場合、「saveChanges:=〇〇」を設定するとよいでしょう。

Section 072

新規ブックの作成

データ転記やシートコピーなどに使える

プログラムの実行中に新しいExcelブックを作成したいときは、「Workbooks.Add」と書きます。処理しているブックの一部のデータを新規ブックに転記したり、シートをコピーしたりする作業で有用です。

左ページの例では3行目で新しいブックに名前をつけて保存しています。一時的に新規ブックを作って処理を行うものの、保存の必要がない場合、この記述は不要です。「ActiveWorkbook.Close saveChanges:=False」と書いて、保存せずに閉じてしまいましょう。

ブックの扱いは、後半で紹介する変数を使うと便利になります。たとえば「ｗｂ」という名前のワークブック変数を用意して、「Set wb = Workbooks.Add」と書くと、新規ブックの作成と同時に変数へ格納できるので、その後の記述が「wb.Save」や「wb.Close」のようにかんたんに書くことができます。２２６ページに似た例があるので、そちらを参考にしてください。

▼プログラム

```
Sub sample072()
  Workbooks.Add
  ActiveWorkbook.SaveAs "C:¥Sample¥ex¥072.xlsx"
End Sub
```

新規ブック作成（Workbooks.Add）

開いたブックを名前をつけて保存（ActiveWorkbook.SaveAs "C:¥Sample¥ex¥072.xlsx"）

実行結果

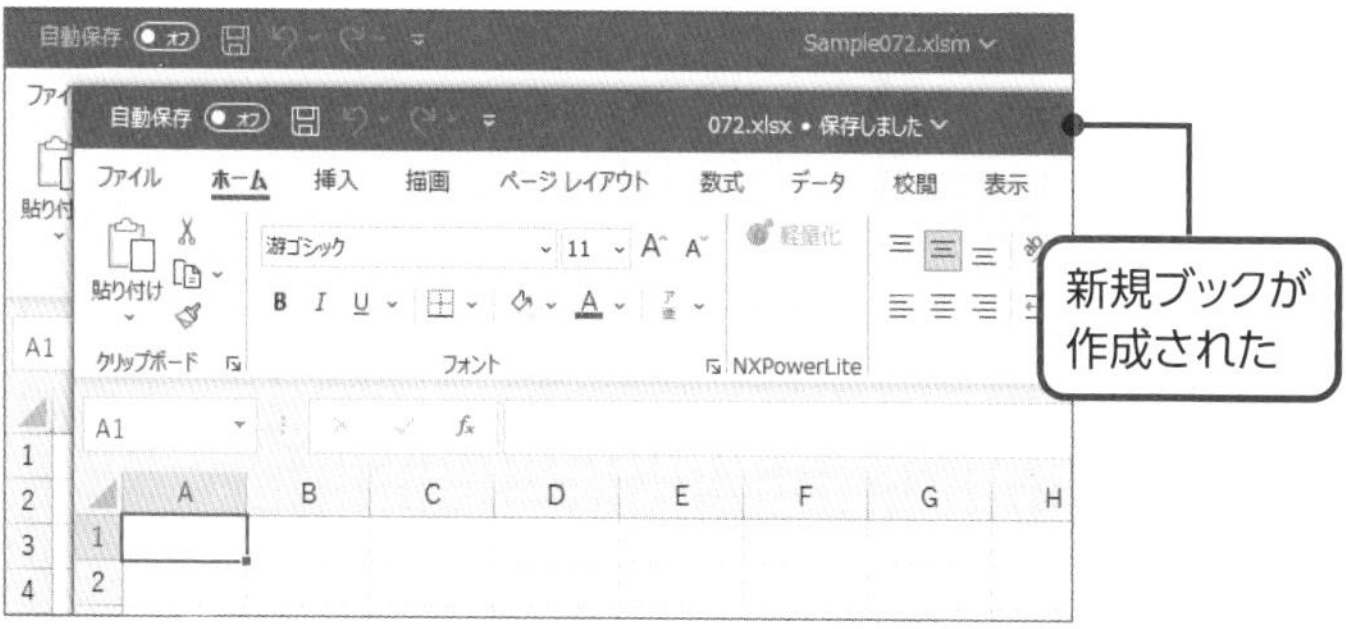

ここをコピって書き換えよう

```
ActiveWorkbook.SaveAs "C:¥Sample¥ex¥072.xlsx"
```

"C:¥Sample¥ex¥072.xlsx"：新しいブックのパスとブック名

One Point

- 新しく開いたブックのセルは以下の記述になります。

  `ActiveWorkbook.ActiveSheet.Range("○○")`

- 元々開いていた（プログラムの書いてある）ブックのセルは以下の記述になります。

  `ThisWorkbook.ActiveSheet.Range("○○")`

Section 073

ブックにパスワードを設定する

特定の人しか開けないブックにする

シートやブックの保護よりも強力なセキュリティ対策として、ブック自体にパスワードを設定することもできます。ブックを開くときにパスワードを要求されるので、正しいパスワードを知っている人しか、そのブックを開くことができなくなります。

パスワードに設定する文字列は、大文字と小文字が区別されます。例では「pass」にしていますが、実際に設定する文字列は、かんたんに推測できるものは避けてください。

実行するＶＢＡはたった一行ですが、**1度実行したら、パスワードを忘れると回復できないので、扱いには十分に注意**してください。実行後は、対象のブックが再び開かれたときからパスワードを要求されます。

手作業で行うには、リボンの「ファイル」から「情報」の「ブックの保護」の「パスワードを使用して暗号化」を選択して、パスワードを設定します。

▼プログラム

```
Sub sample073()
  ThisWorkbook.Password = "pass"
End Sub
```

実行結果

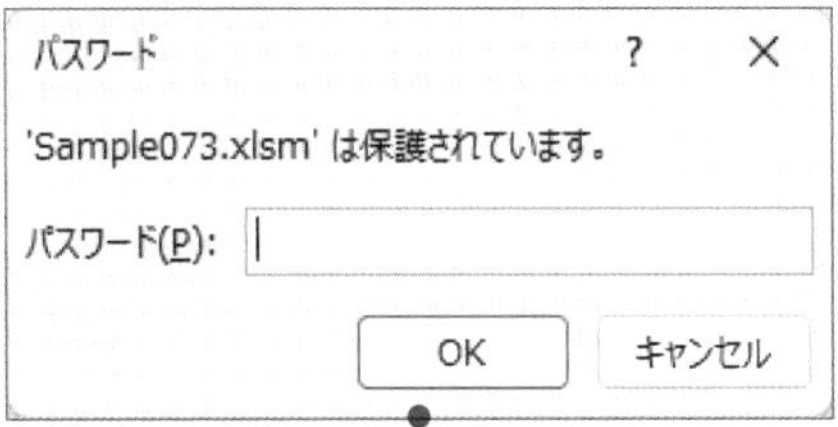

ブックを開くときにパスワード要求された

ここをコピって書き換えよう

```
ThisWorkbook.Password = "pass"
```

- ThisWorkbook：Workbooks("sample073.xlsm")のようにブック名指定でも可
- "pass"：パスワード

One Point

パスワードを設定したブックを、パスワードなしの状態に戻したい場合、「ThisWorkbook.Password = ""」と書いて実行します。

Column

「Sub」の前には「Public」が省略されている

プロシージャの冒頭では適用範囲（スコープ）を指定するのですが、これには「Public」（どこからでも呼び出せる）と「Private」（同じモジュールからでないと呼び出せない）の2種類あります。本書のように省略してSubから書くと、そのプロシージャは「Public」となります。

「どこからでも呼び出せる」のは便利なようでいて、思わぬ誤動作が発生する場合もあるので、必要なプロシージャだけPublicにしましょう。

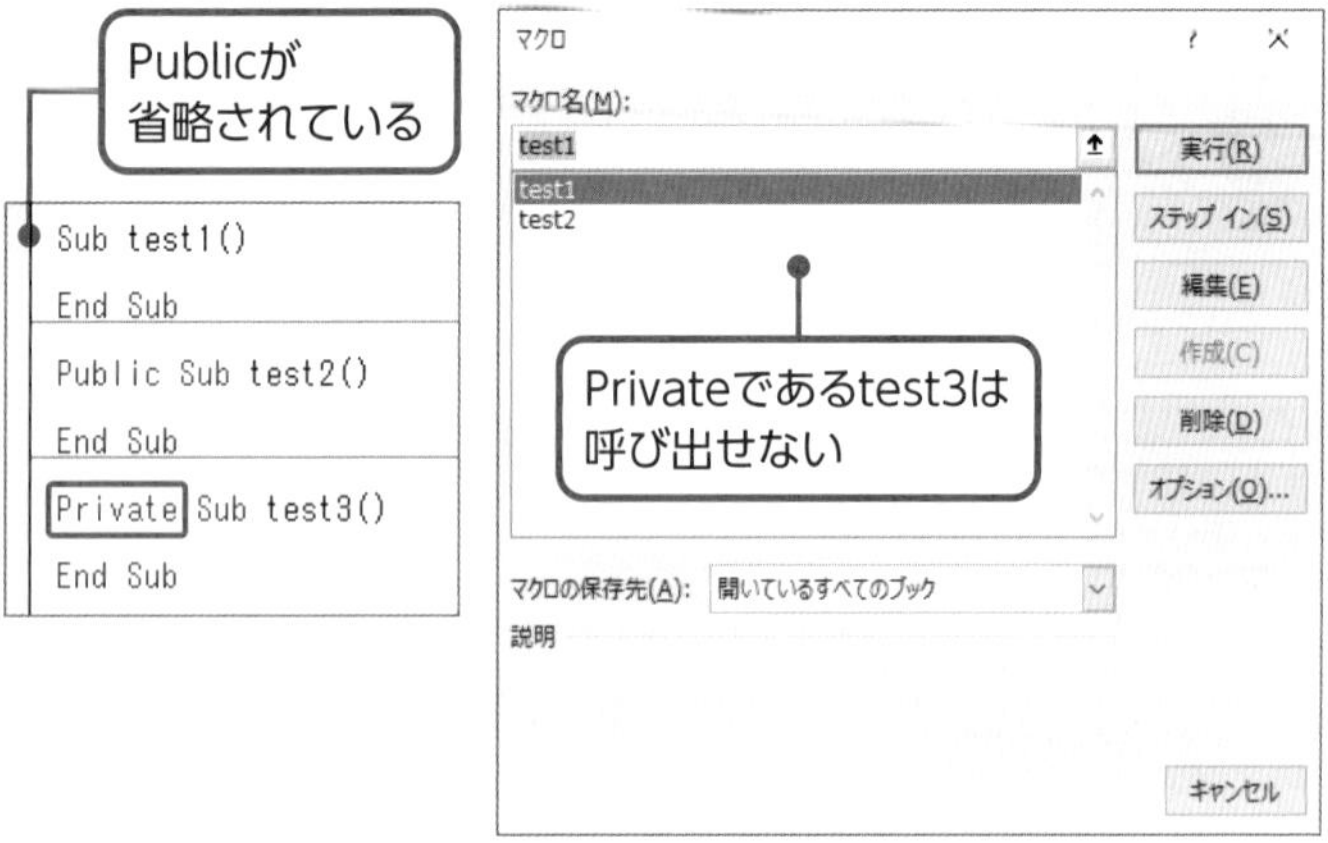

Chapter

8

VBA実践テクニック パート1

Section 074

セルの位置を数値で指定する

●RangeとCellsを使い分ける

ここまで、セルの位置は「Range("A1")」の形で表してきました。この形はどのセルを表しているのか理解しやすいですが、変化しにくいという特徴もあります。プログラムでは変化する位置を利用するケースが多いため、セルを数値で指定する方法も学びましょう。

A1セルを数値で表すと、「Cells(1, 1)」という表記になり、1番目の数値が行、2番目の数値が列を表します。どちらも数値になってしまうとわかりにくく思えるかもしれませんが、検索や計算で得た数値でセルの位置を決められるので、プログラム向きの形なのです。列を数値で知りたい場合、リボンの「ファイル」の「オプション」にある「数式」の**「R1C1参照形式を使用する」にチェックを入れると、シートの列番号が数字になります**。チェックを外すと元に戻ります。

なお、「Cells(行番号, 列番号)」は、「Range("A1")」の書き方と比べると、行と列の位置が逆になります。重要なポイントなので、間違えないように注意しましょう。

▼プログラム

```
Sub sample074()
  Cells(1, 1).Value = "A1"
  Cells(2, 1).Value = "A2"
  Cells(1, 2).Value = "B1"
  Cells(2, 2).Value = "B2"
End Sub
```

1番目の数字が行、
2番目の数字が列

実行結果

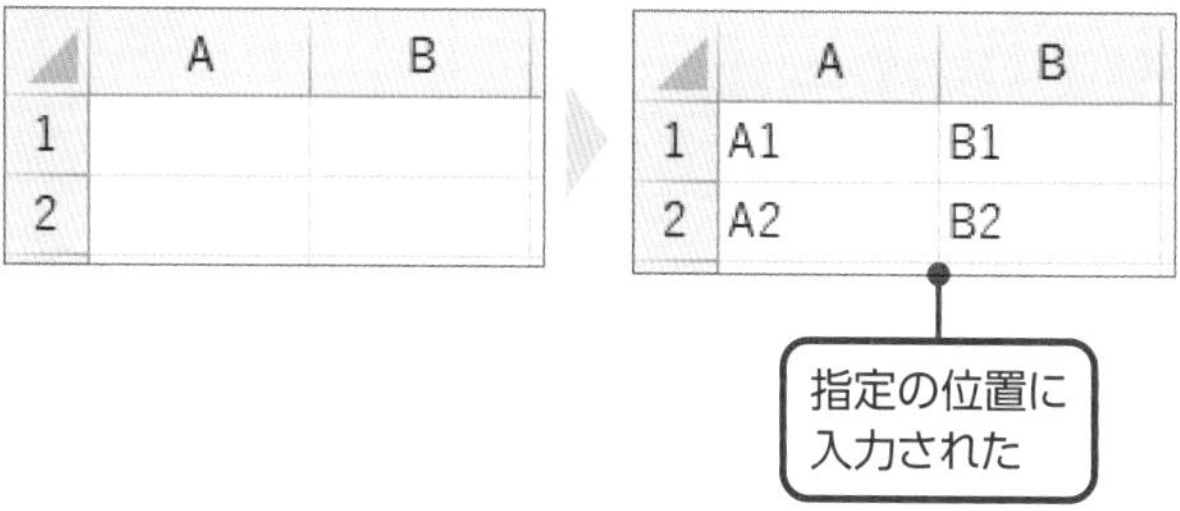

ここをコピって書き換えよう

```
Cells(2, 1).Value = "A2"
```

行　列　任意の内容

One Point

「Cells(行 , 列)」で書くときは、「Range("列行")」から行と列の位置が入れ替わります。

Section 075

セルの位置を変数で指定する

お皿に載せた値

Cellsを使ってセルの位置を数値で指定できたら、次は位置を変化させる書き方を学びましょう。変化させるためには、**数値部分を「変数」で置き換え**ます。

変数は、名前をつけられるお皿をイメージしてみてください。プログラムの2行目は、ざっくりいうと「数値が入る用の、iという名前のお皿を用意します」の意味です。これを変数の宣言といいます。3行目では変数i（iという名前のお皿）へ、今日の「日」のみの数値を代入しています。このiというお皿をCellsのかっこ内の数値と置き換えることで、固定の数値ではなく、そのときお皿に載っている数値を使うことができるのです。この例なら、今日が2日なら2行目を、5日なら5行目を選択することができるわけですね。

セルの指定に変数を使うことで、毎回同じではない、変化する値を使ってセルの位置を決めることができるのです。先頭行に見出しがあって1行ズレる場合、「Cells(i + 1, 1)」と書くとよいでしょう。

▼プログラム

```
Sub sample075()
  Dim i As Long
  i = Day(Date)
  Cells(i, 1).Select
End Sub
```

Dim i As Long：数値型の変数を宣言

i = Day(Date)：変数iに今日の「日」のみを入れる

Cells(i, 1).Select：セルを選択

実行結果

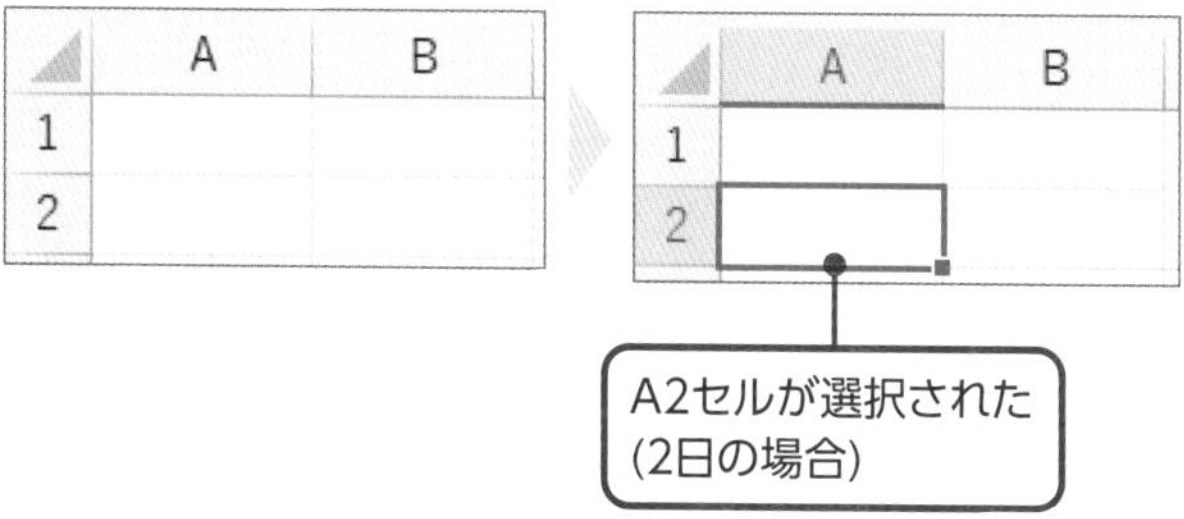

ここをコピって書き換えよう

```
i = Day(Date)
```

Day(Date)：任意の数値にすると行が変わる

One Point

- 「As ○○」の○○は、変数の型を指定します。
- 型には、Long（整数型）、String（文字列型）、Date（日付型）などがあります。
- 指定すると、変数にはその型にあったデータしか入りません。

Section 076

セル範囲を変数で指定する

●左上と右下の指定でセル範囲が作れる

変数を使って指定できるのは単一セルだけではありません。**「Range(左上のセル・右下のセル)」と指定することで、セル範囲も変数を使って書くことができます**。左上のセルが始点、右下のセルが終点になり、自由度の高い指定ができます。

たとえば、月の初日のセルを始点、末日のセルを終点にすれば一ヶ月の範囲を作れますし、1行目のセルを始点、最終行を取得（202ページ参照）して終点にすれば、毎回違った範囲の指定が可能です。

なお、VBAでは基本的に1行に1つの命令を書きますが、「:」で区切ることで、複数の命令を同じ行に書くことができます。2、3行目のように変数の宣言と値の代入までを短く書きたいときに便利です。代入では、単純な数値（Long型）や文字列（String型）などは「変数＝○」の書き方で値を入れられますが、セルや範囲を格納できるRange型、ワークシートを格納できるWorksheet型など、たくさんの機能を持っている型は、5行目のように「Set 変数＝○」と書きます。

▼プログラム

```
Sub sample076()
  Dim i As Long: i = 4
  Dim j As Long: j = 2
  Dim rng As Range
  Set rng = Range(Range("A1"), Cells(i, j))
  rng.Select
End Sub
```

数値型の変数iに4を入れる

数値型の変数jに2を入れる

Range型の変数を宣言

変数rngへ範囲を入れる

変数rngを選択

実行結果

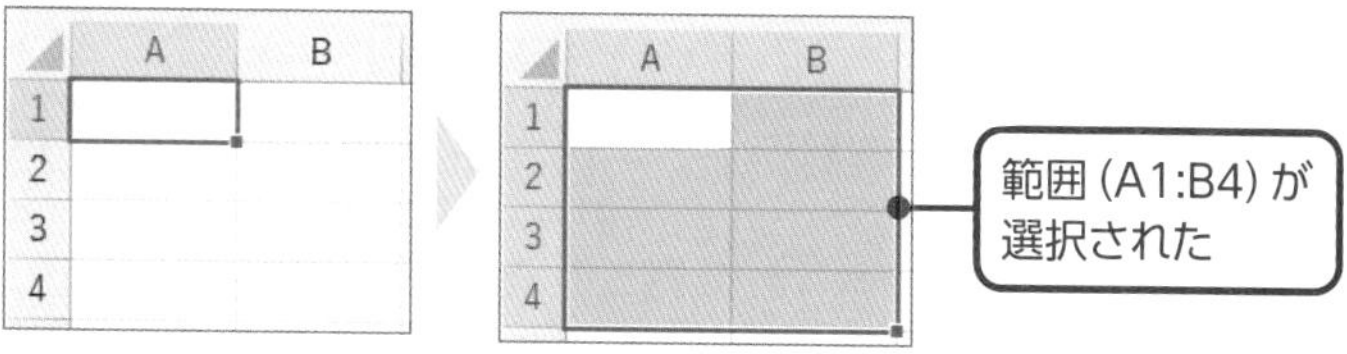

ここをコピって書き換えよう

```
Set rng = Range(Range("A1"), Cells(i, j))
```

Range("A1")：範囲の左上になるセル(Cellsの形でもOK)

Cells(i, j)：範囲の右下になるセル

One Point

別シート上の範囲は以下のように書きます。なお、アクティブシートでないと選択(.Select)はできませんが、罫線や色の変更などの操作は可能です。

```
With Worksheets("Sheet1")
  Set rng = .Range(.Cells(a, b), .Cells(c, d))
End With
```

Section 077

表の範囲の取得

値が入っている範囲を探してくれる

表のデータ範囲を操作したいけれど、毎回データが増減して範囲が違う、というケースでは、「Range("表内のセル").CurrentRegion」の書き方が便利です。この命令は、指定したセルが含まれる表の範囲を自動で判断して、取得してくれます。ただし、表内の行や列が1行・1列以上空いていると、途切れている部分は取得できないので注意してください。

データの途切れが起こる可能性がなく、自動取得で問題なさそうならこちらの方法を、自由度の高い方法で指定したい場合は176ページの方法と、用途によって使い分けるとよいでしょう。

これらの方法でセル範囲を入れた変数rngは、ここまで書いてきた「Range("A1")」や「Range("A1:C3")」と同等の使い方ができます。「Range("A1").Copy」を「rng.Copy」へ、「With Range("A1:C3").Borders」を「With rng.Borders」のように書き換えて、これまでのプログラムで試してみてください。

▼プログラム

```
Sub sample077()
  Dim rng As Range
  Set rng = Range("B2").CurrentRegion
  rng.Select
End Sub
```

Range型の変数を宣言

範囲を取得して変数へ入れる

変数rngを選択

実行結果

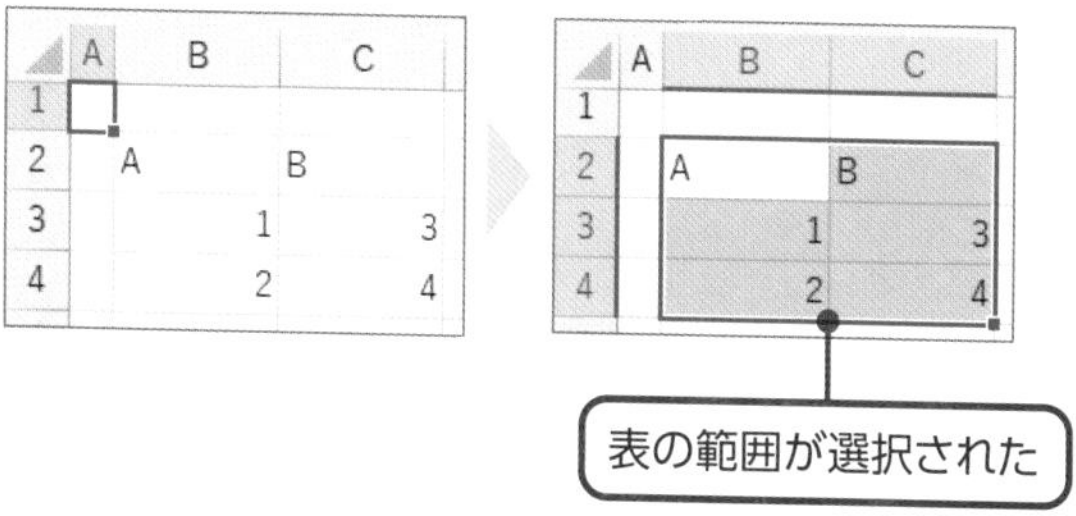

ここをコピって書き換えよう

```
Set rng = Range("B2").CurrentRegion
```

表内のセルを指定

One Point

➔ CurrentRegionで取得できる範囲のことを、「アクティブセル領域」と呼びます。

Section 078

条件によって処理を変える

●ユーザーの判断でプログラムの続行／終了ができる

「OK」「キャンセル」ボタンのいずれかが押されたことで、処理を変えたい場合、どうしたらよいでしょうか？　プログラムは基本的にスタートしたら終了まで一気に進んでしまいますが、途中でユーザーの判断を仰ぎたい場面もありますよね。**ある条件を提示して、その結果によって処理を分岐させることを「条件分岐」と呼びます**。

分岐の流れは、「デバッグモード」で実際の動きを確認すると理解しやすくなります。左ページのプログラムを書いたら、プロシージャの中にカーソルを置いて F8 キーを押してみてください。すると、1行目が黄色くハイライトされ、F8 キーを1回押すごとに1行ずつ実行されます。キャンセルボタンを押された場合、「If-End If」に囲まれたブロックに入り、そうでない場合は、ブロックの中には入らず、スルーして次へ進みます。

「Exit Sub」は「実行中のSubプロシージャを離脱する」という命令なので、その箇所でプログラムが終了します。途中で終了した場合、その箇所より下に書いてあるプログラムは実行されません。

▼プログラム

```
Sub sample078()
  If MsgBox("処理を続けますか?", vbOKCancel) = vbCancel Then
    Exit Sub
  End If
  Range("A1") = 100
End Sub
```

クリックされたボタンがキャンセルだったら

ここへ入ってプロシージャを終了

If-End Ifブロック

終了された場合、ここは実行されない

実行結果

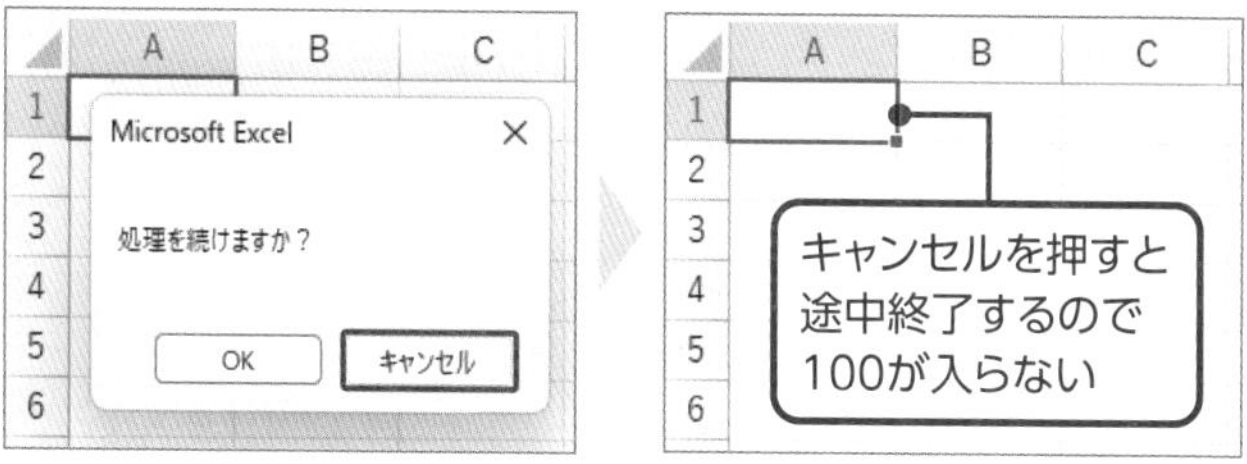

ここをコピって書き換えよう

```
If MsgBox("処理を続けますか？", vbOKCancel) = vbCancel Then
```

表示されるテキスト

押されたボタン

One Point

「OKボタンを押されたら」をIfの条件にしたい場合、条件式の右辺を「vbOK」にします。

Section 079

繰り返し処理

指定の数に到達するまで繰り返す

A列のセルの1行目から100行目まですべて同じ処理を行いたいとか、複数のシートを1つずつ左から順番に選択して同じ動作をさせたい場合、同じようなプログラムを何度も書くのは非効率ですし、プログラムの量が増えるとメンテナンスしにくくなってしまいます。

こういった処理を行うには、**繰り返し（ループ）というしくみ**を使います。「繰り返しのブロック」を作り、その中に繰り返したい処理を書きます。このブロックは指定した回数だけ実行されるので、同じプログラムを何回も何十回も書かずに、スマートに処理することができるのです。

ここでも、F8キーを押して1行ずつ実行してみると、**「For-Next」の中を通って、「Next」へ到達したら「For」に戻って、という動き**を見ることができます。変数iの中身が10を超えるとブロックを抜けて「End Sub」へ移動するので、そこまでぜひ確認してみてください。

▼プログラム

```
Sub sample079()
  Dim i As Long
  For i = 1 To 10
    Range("A1").Value = Range("A1").Value + 1
  Next i
End Sub
```

数値型の変数を宣言

変数iを1から10まで繰り返す

A1セルの値に+1する

変数iをカウントアップしてFor行へ戻る

For-Next ブロック

実行結果

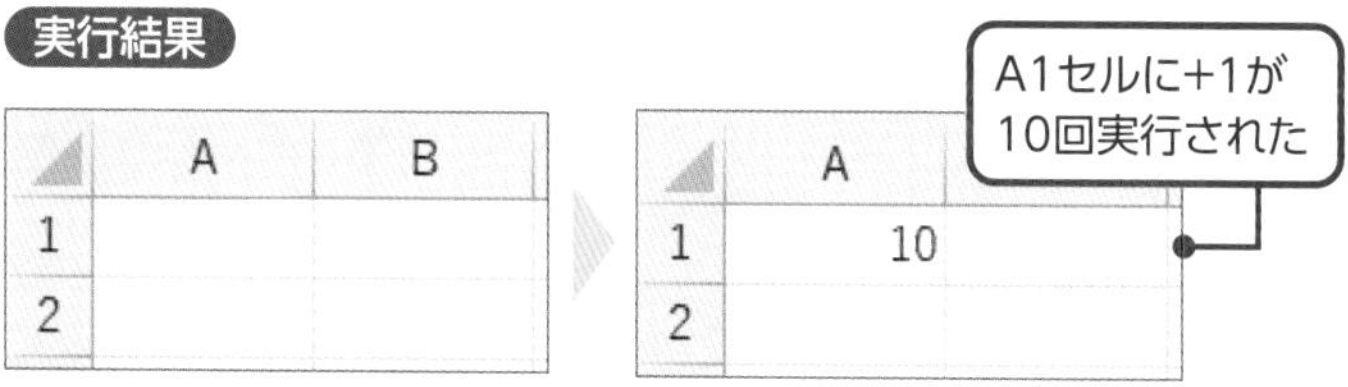

ここをコピって書き換えよう

```
For i = 1 To 10
```

始まりの数

終わりの数

One Point

デバッグ中に変数上にカーソルを移動すると、現在の値がポップアップ表示されます。

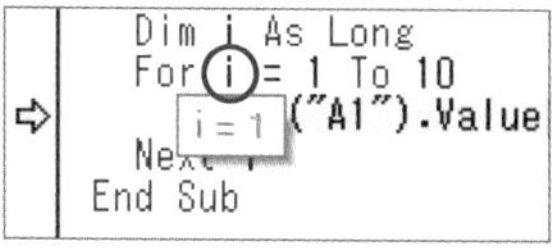

Section 080

繰り返しで複数セルを処理する

●繰り返しで使う変数をセルの位置に利用する

「For-Next」の繰り返しでは、数値型の変数の中身を1ずつ変化させながら繰り返します。この変数をCellsに利用すると、セルの位置を1つずつずらしながら処理していくことができます。

この手法を使うと、連続したセルに順番に値を入れたり、すでに値が入っているセルの中身を1つずつチェックしたり、ということが可能になります。例では1行目から5行目ですが、100行でも200行でもかんたんに書くことができるので、たくさんのセルをいっぺんに処理できますね。

ちなみに**「For-Next」は、For行の最後に「Step n」と書くことで、増える数を変更することができます**。「Step 1」が既定値なので、何も書かれていないと1ずつ増えることになります。「For i = 1 To 5 Step 2」と書けば、1から5まで2ずつ増えることになるので、変数iの値が1，3，5の3回でループが終了することになります。奇数または偶数の行だけ処理したい、なんてこともかんたんです。

▼プログラム

```
Sub sample080()
  Dim i As Long
  For i = 1 To 5
    Cells(i, 1).Value = 1
  Next i
End Sub
```

数値型の変数を宣言

変数iを1から5まで繰り返す

変数iの値で行を変化させる

For-Nextブロック

実行結果

	A	B
1		
2		
3		
4		
5		
6		

	A	B
1	1	
2	1	
3	1	
4	1	
5	1	
6		

A1からA5まで入力された

ここをコピって書き換えよう

```
For i = 1 To 5 Step 2
```

始まりの数

終わりの数

2ずつ増やしたい場合（省略するとStep 1となる）

One Point

Stepにはマイナス値も指定できます。その場合、「For i = 5 To 1 Step -1」のように大きい数から始めます。

Section 081

条件に合うセルのみ文字色を変える

●組み合わせると可能性が広がる

繰り返し処理と条件分岐を組み合わせると、範囲の中で特定のものを検索して、その条件を満たす場合のみ処理を行う、という動作ができるようになります。

左ページの例では、繰り返しのブロックの中で、「セルの値が5より大きかったら」「セルの文字色を赤くする」という条件分岐が書いてあります。これをA列の1行目から5行目まで繰り返しているので、それぞれのセルの値が違っている中で、5より大きいものだけ赤くすることができます。セルの値を変えて「この日より過去の日付だったら」「この文字列と同じだったら」などの条件にしたら、さまざまなことができそうですよね。「If-End If」ブロックの中身は、もちろん1行でなくても構いません。複数の処理を書いて、動作を充実させましょう。

また、5行目の「Cells(i, 1)」を「Rows(i)」と書き換えれば、行に対して処理を行うことも可能です。

▼プログラム

```
Sub sample081()
  Dim i As Long
  For i = 1 To 5
    If Cells(i, 1).Value > 5 Then
      Cells(i, 1).Font.Color = vbRed
    End If
  Next i
End Sub
```

変数iを宣言

変数iを1から5まで繰り返す

For-Nextブロック

If-End Ifブロック

「Cells(i, 1)」の値が5より大きかったら「Cells(i, 1)」の文字色を赤くする

実行結果

	A	B
1	4	
2	6	
3	2	
4	10	
5	5	

	A	B
1	4	
2	6	
3	2	
4	10	
5	5	

5より大きいセルだけ文字色が赤くなった

ここをコピって書き換えよう

```
If Cells(i, 1).Value > 5 Then
  Cells(i, 1).Font.Color = vbRed
End If
```

Ifの条件

条件を満たしたときの処理

One Point

➔ 10以上20未満、という条件は以下のように書きます。

```
If 10 <= Cells(i, 1).Value And Cells(i, 1).Value < 20 Then
```

Section 082

文字列の一部を置換する

置き換えたり、取り除いたり

製品名や組織の部署名が変更になったケースなどで、指定の文字を別の文字へ置き換えたい場合はどうしたらよいでしょうか? VBAでは**繰り返し処理内で「Replace」という命令を使えば範囲内の文字列を一括で変更できます**。

置換は、別の文字への変換だけでなく「特定の文字を取り除く」という使い方をすることもできます。文字列は「"」(ダブルクォーテーション)で囲んで書くのがルールですが、これを2つ続けて「""」と書くと「文字数ゼロの文字列」を表します。これを置換後の文字として扱うことで、「取り除く」処理ができるのです。

左ページの例では、A列に並んでいる要素が「10kg」のように数値と単位が一緒に書き込まれています。「10」ならば数値ですが、「10kg」は文字列として扱われてしまうので、このままでは計算ができません。「kg」を「文字数ゼロの文字列」と置き換えることで単位を取り除き、計算可能な数値だけを取り出すことができます。

▼プログラム

```
Sub sample082()
  Dim i As Long
  For i = 1 To 3
    Cells(i, 2).Value = Replace(Cells(i, 1).Value, "kg", "")
  Next I
End Sub
```

"kg"を""へ変換したものをB列へ入れる

実行結果

	A	B
1	10kg	
2	5kg	
3	150kg	

	A	B
1	10kg	10
2	5kg	5
3	150kg	150

kgが取り除かれた

ここをコピって書き換えよう

```
Replace(Cells(i, 1).Value, "kg", "")
```

対象の文字列　置換前の文字列　置換後の文字列

One Point

- 全角スペースを取り除くには以下のように書きます。
  Replace(対象, "　", "")
- 半角スペースを取り除くには以下のように書きます。
  Replace(対象, " ", "")

Section
083

文字列を半角小文字に変換する

表記の違いを統一する

キーボードには全角と半角のモードがあって、日本語を入力するときは全角、アルファベットや数字を入力するときは半角、という使い分けをされている方が多いのではないでしょうか。しかし性質上、アルファベットや数字も全角で入力することが可能です。人間の目からは同じ文字ですが、ＰＣでは全角の文字と半角の文字は「別の文字」として扱います。大文字小文字も区別されます。

すると困ったことに同じ単語でも、頭文字だけ大文字だったり、１つだけ全角が混ざっていたり、そういった少しの違いで別の要素になってしまいます。スペースやハイフンも全角と半角で違う文字と扱われるので、人間の目では気がつかないケースもあるのです。

英数字で表記の違う要素を統一させたいときは、「StrConv」を使いましょう。電話番号や住所の番地などで全角と半角が混ざっているようなケースでも、表記を統一させると見た目がスッキリします。

▼プログラム

```
Sub sample083()
  Dim i As Long, text As String
  For i = 1 To 3
    text = Cells(i, 1).Value
    text = StrConv(text, vbNarrow)
    text = StrConv(text, vbLowerCase)
    Cells(i, 2).Value = text
  Next i
End Sub
```

1行目から3行目までループ
A列を変数へ入れる
半角へ変換
小文字へ変換
B列へ入れる

実行結果

ここをコピって書き換えよう

```
StrConv(text, vbNarrow)
```

text：対象の文字列
vbNarrow：変換の種類

One Point

➔ 変換の種類には、以下のような種類があります。

値	内容	値	内容
vbNarrow	全角を半角へ	vbWide	半角を全角へ
vbLowerCase	大文字を小文字へ	vbUpperCase	小文字を大文字へ

Section 084

文字列の特定部分を抜き出す

●左から何文字、右から何文字だけ

左ページの例では、A列に並んでいる要素は、「P001 林檎」のように、IDと品名が合体して入力されています。IDだけ取り出したい場合、どうしたらよいでしょうか？ この場合、IDの桁数が4と決まっているので、**「Left(対象の文字列, 4)」と書けば、左から4文字を抜き出すことができます**。もちろん、取り出す桁数は好きな数字に変えられます。

抜き出すだけでなく、分岐の条件として使うこともできます。たとえばA001、B001のようなIDになっていたとしたら、「If Left(対象, 1) = "A" Then」（左から1文字がAだったら）という条件で分岐させれば、Aから始まるIDのみ特別な処理をさせる、ということもできます。

ちなみに右側の品名を抜き出したい場合、文字数が決まっていないので難しそうですね。この場合、**「Len(text)」で、変数 text の総文字数を調べて**、そこからIDの4文字を引いた文字が品名の文字数になります。5行目の右辺を「Right(text, Len(text) - 4)」と書くと品名が取り出せるので、試してみてください。

▼プログラム

```
Sub sample084()
  Dim i As Long, text As String
  For i = 1 To 3
    text = Cells(i, 1).Value
    Cells(i, 2).Value = Left(text, 4)
  Next i
End Sub
```

1行目から3行目までループ

A列を変数へ入れる

左から4文字をB列へ入れる

実行結果

	A	B
1	P001林檎	
2	P002桃	
3	P003無花果	

▶

	A	B
1	P001林檎	P001
2	P002桃	P002
3	P003無花果	P003

左から4桁抜き出した

ここをコピって書き換えよう

```
Left(text, 4)
```

- Left：抜き出す種類
- text：対象の文字列
- 4：抜き出す桁数

One Point

➔ 右からn桁抜き出す場合、以下のように書きます。

Right(対象, n)

➔ 「n1」番目の文字から「n2」桁を抜き出す場合、以下になります。

Mid(対象, n1, n2)

Section 085

値が日付か判定する

利用する前にチェックしてエラーを回避

プログラムではユーザーに入力してもらった値を使うことも多いですが、その値は必ずしも正しいとは限りません。たとえば日付を入力すべき欄にうっかり文字列が混ざってしまうと、その値は日付と認識されません。日付でない値を日付として使おうとすると、エラーが起きてしまいます。

入力された値が本当に日付の形をしているかどうか確かめるためには「IsDate(対象)」という命令を「If」と組み合わせて使います。「Else」を使うと「条件を満たさなかった場合」のブロックも作ることができるので、両方に別々の処理を書くときに利用しましょう。なお、「日付ではなかった場合」を条件に書きたい場合、「If Not IsDate(対象) Then」と書きます。数値かどうか判断する場合も「If Not IsNumeric(対象) Then」と、同様に「Not」を入れて書きます。条件を満たせずに、その先へ進むとエラーが発生するのが予測される状態ならば、メッセージのあとに「Exit Sub」の1行を入れてプログラムを終了させるとよいでしょう。

▼プログラム

```
Sub sample085()
  If IsDate(Range("A1").Value) Then
    MsgBox "日付です"
  Else
    MsgBox "日付ではありません"
  End If
End Sub
```

If ブロック
Else ブロック

実行結果

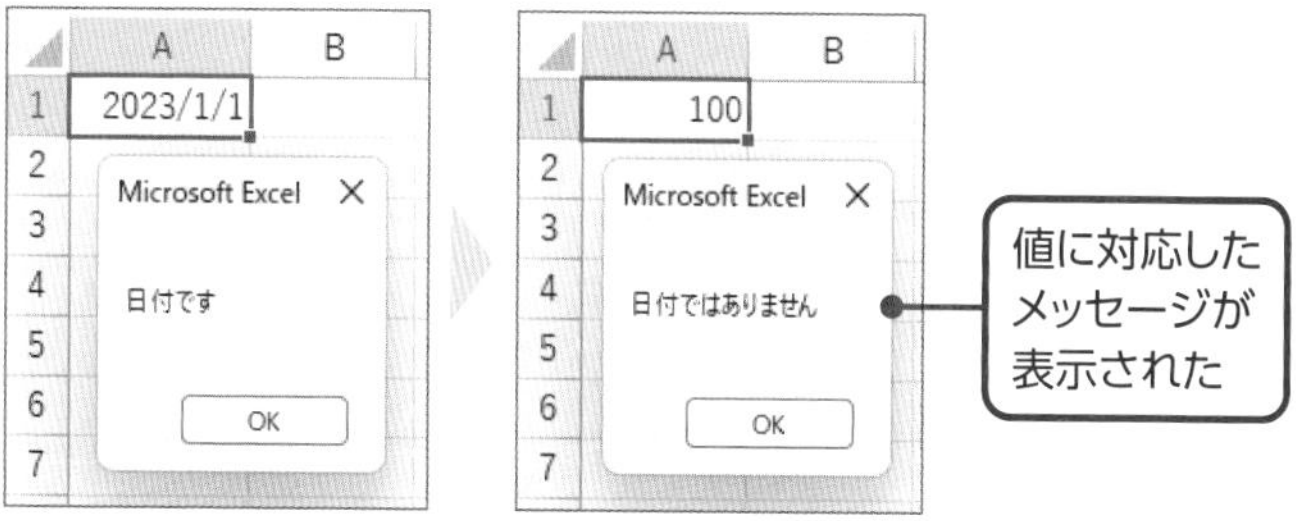

ここをコピって書き換えよう

```
IsDate(Range("A1").Value) Then
```

判定する対象

One Point

➔ 数値か否かを判定するには、以下のように書きます。
IsNumeric(対象)

Section
086 日付の計算

何日後や何年前など、柔軟に計算できる

データの集計をしたいとき、「ここからここまで」の範囲で区切りたいことは多いと思います。特に、日付を使って「いつからいつまで」の範囲指定はよく使われます。範囲は、開始日と終了日の両方をユーザーに指定してもらうほか、計算で算出するのも便利です。

日付の計算には「DateAdd」という命令を使います。材料として、「日」「月」「年」などの計算する単位と、その単位に対しての数値を指定します。たとえば、単位が「日」で数値が「3」なら「3日後」、単位が「年」で数値が「-5」なら「5年前」という具合です。

VBAでは「今日の日付」は「Date」と書けば取得できるので、日付の計算を利用すれば、「3日前から今日」や「1週間前から1週間後」など、いろんな範囲を設定することができます。

1つ目の日付をdate1、2つ目の日付をdate2などの変数に入れ、「対象がdate1とdate2の間だったら」という条件にしたい場合、「If date1 <= 対象 And 対象 <= date2 Then」と書きます。

▼プログラム

```
Sub sample086()
  Dim tgtDay As Date
  tgtDay = Range("B1").Value
  Range("B2").Value = DateAdd("d", 3, tgtDay)
  Range("B3").Value = DateAdd("yyyy", -5, tgtDay)
End Sub
```

3日後

5年前

実行結果

	A	B
1	対象日	2023/1/1
2	3日後	
3	5年前	

▶

	A	B
1	対象日	2023/1/1
2	3日後	2023/1/4
3	5年前	2018/1/1

計算した日付が入力された

ここをコピって書き換えよう

```
DateAdd("d", 3, tgtDay)
```

計算する間隔

増減の数値

対象の日付

One Point

➔ 計算の間隔は、ほかにも「"m"」が月、「"ww"」が週、などがあります。

Column

プロシージャはSubだけじゃない

本書ではプロシージャはすべてSubからの書き出しでしたが、これはSubroutine（サブルーチン）プロシージャの略で、そのほかに、関数を自作できるFunctionプロシージャや、プロパティを自作できるPropertyプロシージャという3種類が作れます。関数とは、194ページの「IsDate」のように材料を渡してその結果を返してくれる命令のことです。

少し難しいので最初から覚える必要はありませんが、レベルアップしたらぜひチャレンジしてみてください。

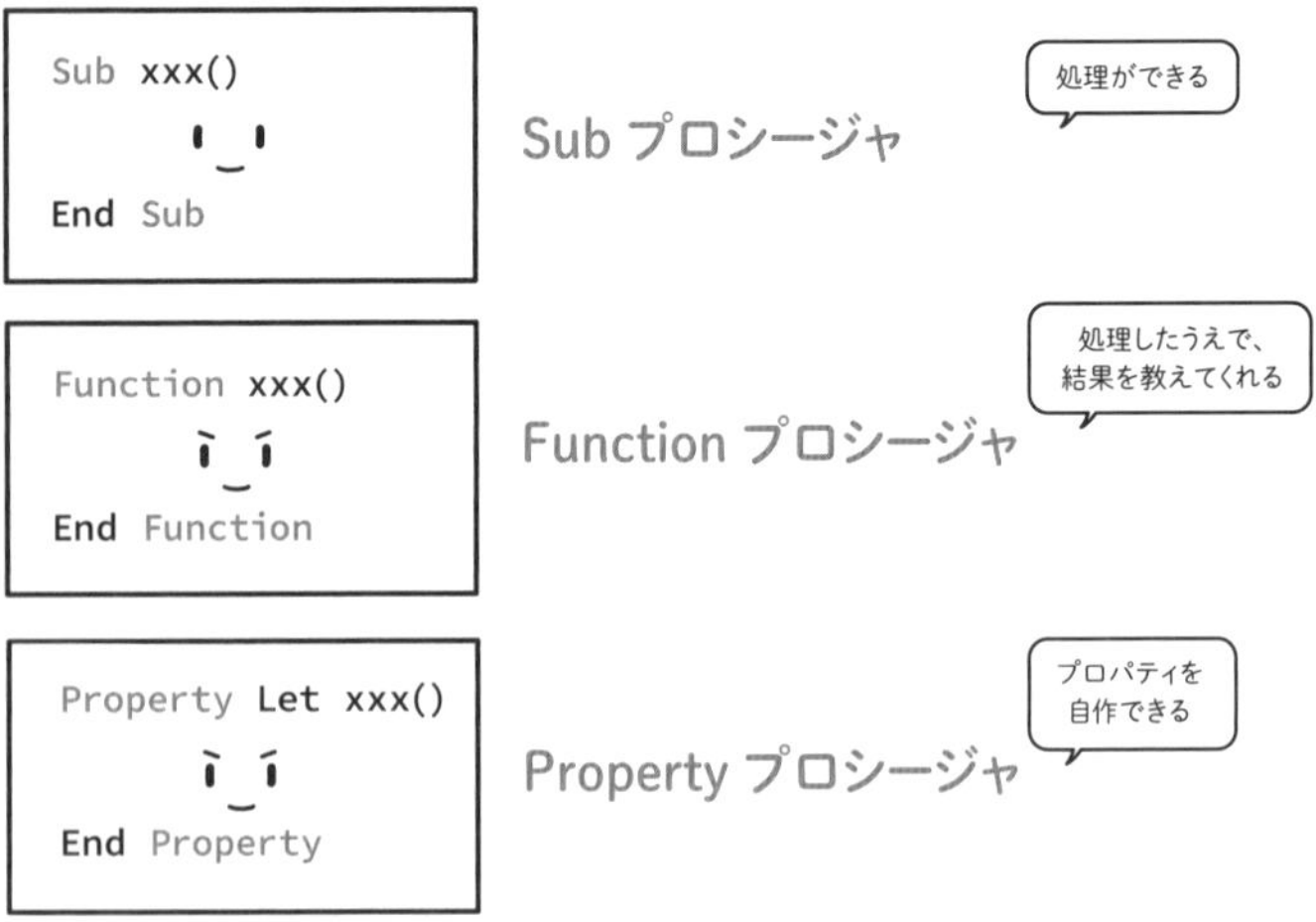

Chapter

9

VBA実践テクニック パート2

Section 087

特殊なパスの利用

固定でないパスを取得して使える

プログラムでファイルを扱うときにはパス（ファイルの住所）を指定する必要があります。しかし、プログラムを書いたときにはたしかにそこにあったはずのフォルダが、いつのまにか移動していたり、名前が変わっていたりということはよくあります。

その対策として、**「自身と同じフォルダ」を利用するのも1つの手段**です。「自身」というのは、そのプログラムが書かれているxlsmファイルのことです。プログラムを実行するファイルと同じフォルダを指定すれば「フォルダが存在しない」というエラーにはなりませんし、フォルダごと移動してもプログラムを書き換える必要がありません。「自身」以外にも、PCごとにパスが違うマイドキュメントやデスクトップのパスも取得できるので、これらを使うのも便利です。

なお、フォルダやファイルの区切り文字は「¥」ですので、取得したパス下のフォルダ階層やファイル名の文字列を結合するときは、「ThisWorkbook.Path & "¥フォルダ名¥ファイル名.xlsx"」のように、「¥」も忘れずに入れてください。

▼プログラム

```
Sub sample087()
  Dim wb As Workbook
  Set wb = Workbooks.Add
  wb.SaveAs ThisWorkbook.Path & "¥087.xlsx"
End Sub
```

実行結果

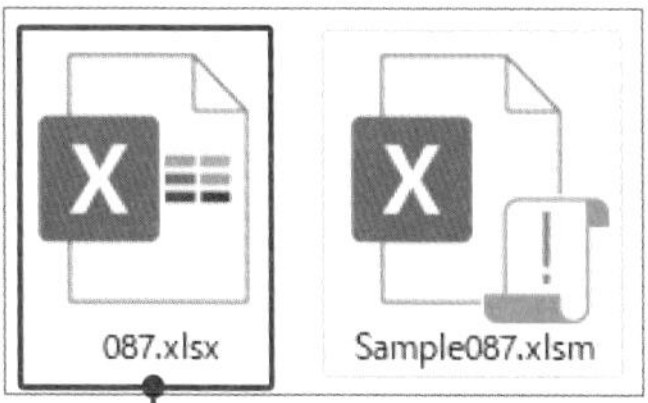

自身と同じフォルダに新規ファイルができた

ここをコピって書き換えよう

```
wb.SaveAs ThisWorkbook.Path & "¥087.xlsx"
```

任意のファイル名（087.xlsx の部分）

One Point

- マイドキュメントは、以下のように書くと取得できます。

  `CreateObject("WScript.Shell").SpecialFolders("MyDocuments")`

- デスクトップは、以下のように書くと取得できます。

  `CreateObject("WScript.Shell").SpecialFolders("Desktop")`

Section
088

指定列の最終行の取得

データが途切れていても最後の行を見つけられる

セル範囲を変数で指定したり（176ページ参照）、繰り返しで複数セルの処理を行ったり（184ページ参照）するとき、範囲の始点は決まっていても、**終点はそのときによって違うケースは多いと思います。そんなときは、最終行を取得して使いましょう。**

左ページの例は、変数「lastRow」に指定列の最終行を格納します。シートの最終端から上側にデータの入っているセルを検索するので、データが連続していない、抜けのある場合でも最終行を取得できます。

この変数を使う場合、サンプルの2、3行目をコピーして、使いたい処理よりも上の行へペーストしてください。そのあと、たとえば、「Set rng = Range(Cells(a, b), Cells(lastRow, c))」のように、セル範囲の終点セルの行として指定したり、繰り返し処理で「For i = 1 To lastRow」とループの終点に指定したりすると便利です。

▼プログラム

```
Sub sample088()
  Dim lastRow As Long
  lastRow = Cells(Rows.Count, 1).End(xlUp).Row
  MsgBox lastRow
End Sub
```

実行結果

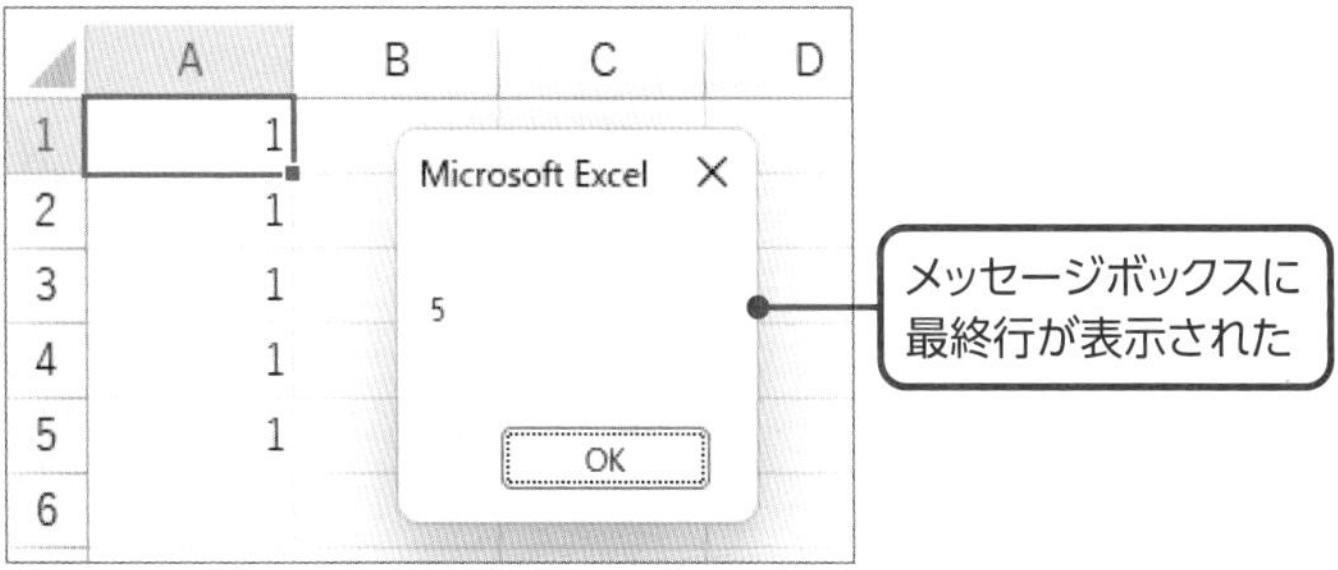

ここをコピって書き換えよう

```
lastRow = Cells(Rows.Count, 1).End(xlUp).Row
```

列番号

One Point

n行目の最終列を取得したい場合、以下のように書きます。

```
Cells(n, Columns.Count).End(xlToLeft).Column
```

Section 089

パスからファイル名を抜き出す

ファイル名の部分だけ加工して使いたい

パスとは、ファイルの位置から名前まですべてを表した文字列です。ブックを開くときや、別名で保存する、PDFで保存するときなどは、対象のファイルをパスで指定します。パスはわかるが、そこからファイル名だけを抜き出したい場合、桁数がわからなければ難しそうです。この場合、**フォルダの区切りが「¥」で書かれている**ことに注目しましょう。

「InStr(対象,"検索文字")」という命令では、対象の頭から探してどの位置に検索文字があるかを探せるのですが、その仲間の**InStrRevでは、対象の最後から探す**ことができます。これを使えば最後に「¥」と書かれている位置がわかるので、計算でファイル名の文字数を導くことができます。

ファイル名が抜き出せたら、必要に応じて拡張子を取り除きましょう。同じように「InStrRev(text,".")」とピリオドの位置を探して取り除いてもよいですし、「文字列の一部を置換する」（188ページ参照）が参考になります。01、02…のような連番を付加して別名保存や、別の形式で保存する用途で利用できます。

▼プログラム

```
Sub sample089()
  Dim text As String
  text = Range("A1").Value
  Dim index As Long
  index = InStrRev(text, "¥")
  Range("A2").Value = Right(text, Len(text) - index)
End Sub
```

- text = Range("A1").Value ← A1セル内容を変数へ
- index = InStrRev(text, "¥") ← 最後の¥の位置
- Len(text) ← 総文字数

実行結果

	A	B	C	D
1	C:¥Users¥name¥Documents¥089.xlsx			
2				

▼

	A	B	C	D
1	C:¥Users¥name¥Documents¥089.xlsx			
2	089.xlsx			

089.xlsx ← ファイル名だけ抜き出した

ここをコピって書き換えよう

```
text = Range("A1").Value
```

Range("A1").Value ← パスの入っているセル、または"C:¥～¥sample.xlsm"などと文字列で指定

One Point

➔ 「Right(対象, n)」で右からn文字を抜き出しますが、「総文字数 – 最後の¥の位置」で、ファイル名の文字数を計算しています。

Section 090

今日の日付を使ったファイル名を生成する

その日の日付を好きな形式で利用

内容は違うけれど同じテンプレートのExcelファイルやPDFファイルを作成する、という作業が定期的にありませんか？ そういった定型作業のファイルは「20230101〇〇.xlsx」や「230101〇〇.pdf」のように先頭に日付を入れたファイル名にしておくと日付順に並びますし、探すときも便利です。このような**「日付を利用したファイル名」の命名を自動化すると、今日は何日だったっけ、と考える時間も不要**ですし、日付や桁数を間違えてしまったとか、うっかり全角で書いてしまった、などのミスが減らせます。

左ページのプログラムは「今日の日付＋シート名＋.pdf」の文字列を生成する例です。「yy」は西暦の右から2桁を表示するので、西暦４桁にしたい場合、「yyyy」と記述します。時間・分・秒まで含めたい場合は、「Now」を使いましょう。

今回のプログラムをブックの別名保存（１６０ページ参照）やＰＤＦファイル出力（１２４ページ参照）で応用すれば、プログラムを実行するたびに、その日の日付のファイル名で保存することができます。

▼プログラム

```
Sub sample090()
  Dim text As String
  text = Format(Date, "yymmdd") & ActiveSheet.Name & ".pdf"
  Range("A1").Value = text
End Sub
```

実行結果

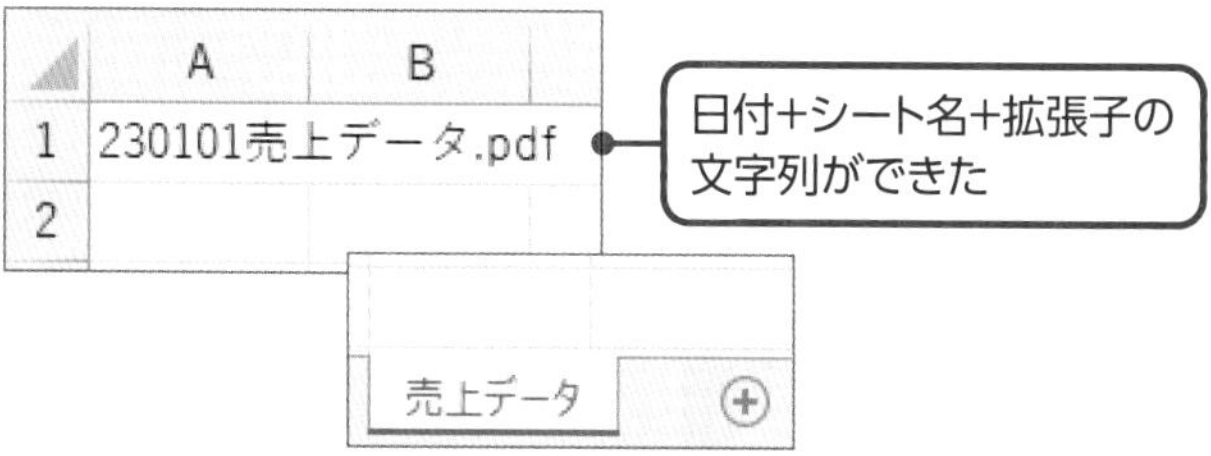

ここをコピって書き換えよう

```
Format(Date, "yymmdd") & ActiveSheet.Name & ".pdf"
```

- Format(Date, "yymmdd") …… 日付を年月日2桁ずつで表示
- ActiveSheet.Name …… 表示しているシートの名前
- ".pdf" …… 任意の拡張子

One Point

➔ 時間・分・秒まで含めたい場合、以下のように書きます。

```
Format(Now, "yyyymmdd-hhnnss")
```

Section 091

ユーザー入力値を利用する

入力要求ダイアログを表示できる

プログラムでユーザーの入力した値を使いたいとき、セルにあらかじめ入力されている値を使う方法と、ダイアログ（小さなウィンドウ）を表示して入力してもらう方法があります。

プログラムの途中でダイアログを表示すると、ダイアログの表示中、プログラムは止まってしまいますが、その場で**表示されるテキストボックスへの入力、「OK」「Cancel」のボタンを意識的にクリックする、という手順を踏まない**と次へ進めないので、「入力忘れ」というミスが起こりにくくなります。また、セルに入力された値はクリアしない限りは残ってしまうので、一時的に利用したい値などはダイアログを使うのもよいでしょう。

コピーや新規作成したシートの名前や、別名保存する場合のファイル名、「何月の集計をしますか？」と聞いて月数を入力してもらう、などといった使い方ができます。

▼プログラム

```
Sub sample091()
  Dim text As Variant
  text = InputBox("名前を入力してください")
  Range("A1").Value = "こんにちは、" & text & "さん!"
End Sub
```

実行結果

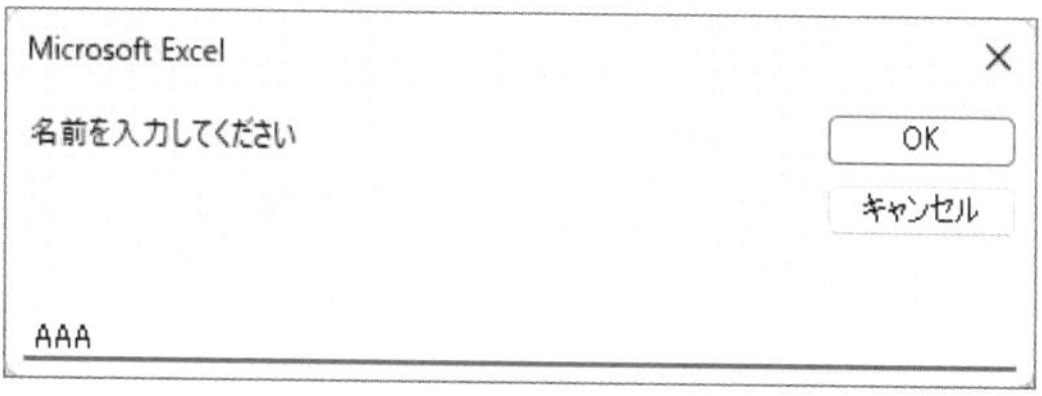

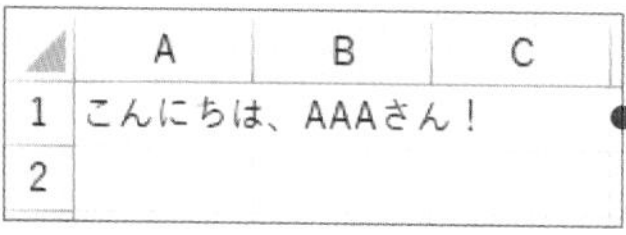

入力値を利用したメッセージが表示された

ここをコピって書き換えよう

```
text = InputBox("名前を入力してください")
```

"名前を入力してください" … 要求画面に表示されるメッセージ

One Point

➔ ユーザー入力値を受け取る変数は、数値、文字列、日付、すべてに対応できるVariant型にしておくのがよいでしょう。

Section 092

特定セルが変更されたときだけ処理を行う

値を変更するたびに勝手に動くプログラム

本書では、基本的に標準モジュールに書いて自分のタイミングで実行する形のプロシージャを紹介しています。標準モジュールに書かれたプロシージャは独立していて、シートやブックに依存しません。

対称的に、シートやブックに依存する形のプロシージャもあります。このページのみ、これまでとは違う**シートモジュール**に書くプログラムです。シートモジュールを使うと、**「該当シート上のセルの値をどこか1つでも変更したとき」に自動で実行されるプロシージャ**になります。

このプロシージャは実行時に「変更されたセル」の情報を「Target」として持っています。この特性を利用して、「変更されたのがA1セルだったら」のように条件分岐を書けば、特定のセルが変更されたときだけ動く処理を作ることができます。

対象を列単位や行単位にすることも可能です。A列を対象にしたい場合、「If Target.Column = 1 Then」、1行を対象にしたい場合は、「If Target.Row = 1 Then」と書き換えます。

▼プログラム

```
Private Sub Worksheet_Change(ByVal Target As Range)
  If Target.Address = "$A$1" Then
    MsgBox "対象のセルです"
  End If
End Sub
```

実行結果

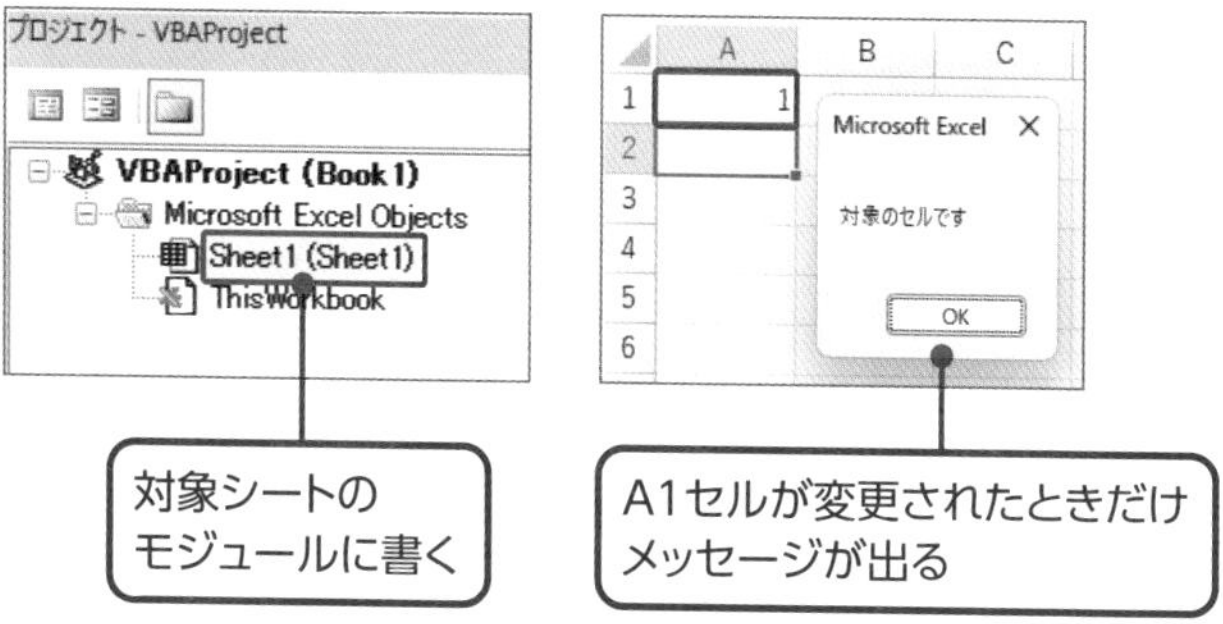

ここをコピって書き換えよう

```
If Target.Address = "$A$1" Then
```

対象にしたいセルを$○$○形式で書く

One Point

このプログラムは標準モジュールではなく、シートモジュールに書きます。この場合のプロシージャ名は「このシートに変更があったとき」を表すので、1行目から変更せずコピペしてください。

Section

093

指定月の月末日の取得

月によってバラバラな月末日を取得する

日付の計算をすれば、○日前、○年後のような範囲を設定できますが、「○年○月分」ではどうでしょうか？　一ヶ月を範囲にするということは、１日から月末日がわかればよさそうですが、月末日の特定はやっかいです。30日も31日もありますし、2月は年によって28日と29日がありますよね。実はこれも、工夫すれば計算で導き出すことができるのです。

左ページの例では、A1セルに年となる数値の２０２３が、B1セルに月となる数値の2が入っています。それを利用して、まずは「2023/2/1」となるように結合し、その月の１日の日付を作成します。そうしたら**「DateAdd」を使って一か月後に変換**して、「2023/3/1」の日付にします。最後に、それを1日前に変換してやればよいのです。「2023/3/1」の1日前は、「2023/2/28」で、２０２３年2月の月末日になりますよね。この計算方法を使えば、どんな月でも正しい月末日を取得することができます。

▼プログラム

```
Sub sample093()
  Dim tgtDay As Date
  tgtDay = Range("A1").Value & "/" & Range("B1").Value & "/1"
  tgtDay = DateAdd("m", 1, tgtDay)
  tgtDay = DateAdd("d", -1, tgtDay)
  Range("A2").Value = tgtDay
End Sub
```

月初日を作成

1ヶ月後に変換

1日前に変換

実行結果

	A	B
1	2023	2
2		

	A	B
1	2023	2
2	2023/2/28	

月末日が入った

ここをコピって書き換えよう

```
tgtDay = Range("A1").Value & "/" & Range("B1").Value & "/1"
```

年にする数値

月にする数値

One Point

➜「翌月の1日」を作り、そこから1日マイナスした日付を求めることで、月末の日がわかります。

Section 094

シートの検索

すべてのシートから指定の名前を探す

特定のシート名を探して、なければ作成したいというケースには、シートの検索が役立ちます。「For-Next」では、数値を指定して繰り返し処理を行いましたが、この例では**「For Each-Next」という書き方で、同じ属性の集団に対して繰り返し処理を行います**。左ページのプログラムでは「ブック上のすべてのシート」を集団として繰り返しを行い、シートの名前を1つずつ確かめます。繰り返しの終了後、「見つからなかった場合」に「メッセージを出す」処理が行われます。

Boolean型の変数は「True/False」のどちらかしか入らず、初期値が「False」なので、見つかったときだけ「True」が入るようになっています。Ｉｆの条件分岐は、条件を満たしたときの処理が1行で済む場合のみ、「End If」を省略して1行で書くことができます。4行目では、Ｉｆの条件から処理までを1行で書いています。

6行目の「見つからなかったら」で書いてある「If Not hasSheet Then」は、「If hasSheet = False Then」と書いても同じ意味になります。

▼プログラム

```
Sub sample094()
  Dim ws As Worksheet, hasSheet As Boolean
  For Each ws In Worksheets
    If ws.Name = "F" Then hasSheet = True
  Next
  If Not hasSheet Then
    MsgBox "その名前のシートはありません"
  End If
End Sub
```

For Each ブロック

If-EndIf ブロック

すべてのシートをループ

あったときだけTrueにする

見つからなかったら

実行結果

指定のシートが見つからなかったときだけメッセージが出る

ここをコピって書き換えよう

```
If ws.Name = "F" Then
```

探したいシートの名前

One Point

➜ コードの6行目を「見つかったら」という条件にしたい場合、以下のように書きます。

```
If hasSheet Then
```

または

```
If hasSheet = True Then
```

Section
095
フォルダの作成

手作業じゃなくてもフォルダが作れる

毎月や毎年、手作業で新しい月（年）のフォルダを作成、といった作業をしていませんか？条件分岐で月初めかどうかチェックして、そのときだけ「現在の月」を使ったフォルダを作成する、という命令を書いておけば、手作業でフォルダを作成する工程を自動化できます。VBAはMicrosoft Officeシリーズのためのプログラム言語ですが、ファイルやフォルダの操作ができるのも強みです。

フォルダの作成は「MkDir "フォルダのパス"」と書きます。「¥」で区切って階層を指定しますが、最後に「¥」はつかないので注意してください。

フォルダのパスは、「"C:¥1月"」のように固定の文字列で指定することもできますし、「Date」（今日の日付）からそのときの月や年を取得して、それを組み込むこともできます。

すでに存在しているフォルダを作成しようとすると「パス名が無効です」というエラーが発生するので、作成前に「フォルダやファイルの検索」（222ページ参照）で存在チェックをするとよいでしょう。

▼プログラム

```
Sub sample095()
  MkDir "C:¥Sample¥ex¥" & Month(Date) & "月"
End Sub
```

実行結果

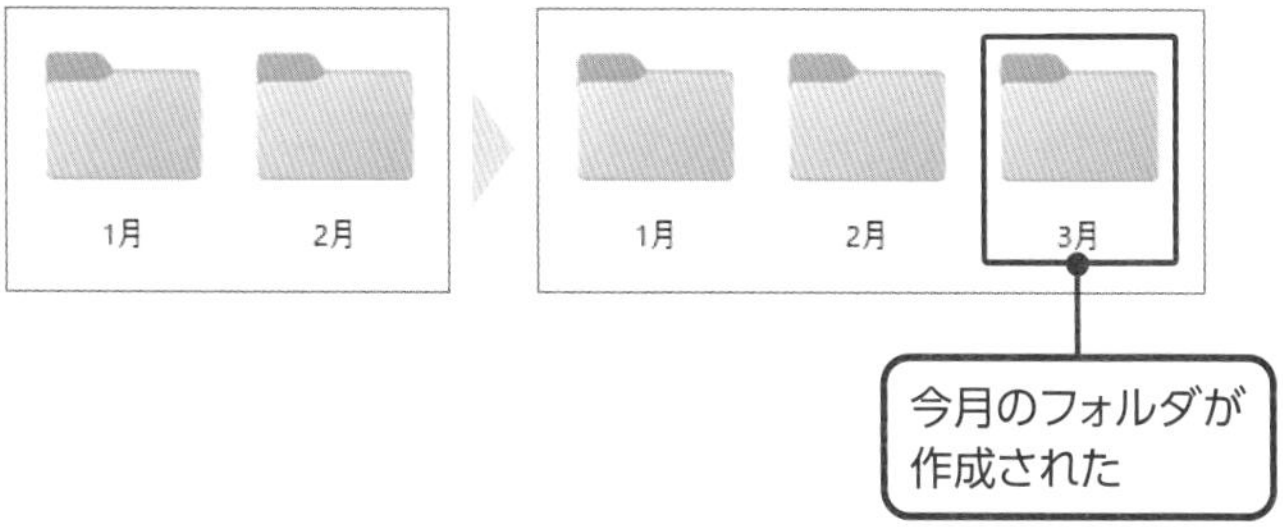

ここをコピって書き換えよう

```
MkDir "C:¥Sample¥ex¥" & Month(Date) & "月"
```

作成するフォルダのパス

One Point

「○年」フォルダを作りたい場合、「Month(Date) & "月"」の部分を「Year(Date) & "年"」にしましょう。

Section 096

ファイルのコピー

バックアップやテンプレートに利用

バックアップとして特定のファイルを定期的に別ドライブにコピーする場面や、テンプレートとして用意されたファイルをコピーして任意の名前をつけて使う場面など、「ファイルのコピー」を活用できるシーンもたくさんあります。

ファイルのコピーは「FileCopy "元ファイルのパス", "コピー後のファイルのパス"」と書きます。xlsx や xlsm といった Excel 関連ファイルに限らず、テキストファイルや画像ファイルなど、一般的な拡張子のファイルもコピーできます。コピー前後のファイル名は、必ず拡張子まで含めて記述してください。

手動ではファイルをコピーすると「元のファイル名（2）」といった名前が自動でつきますが、このプログラムではパスとファイル名を指定した状態でコピーします。その際、コピー後のファイルが存在していた場合は、古いファイルは上書きされます。確認メッセージは表示されないので、必要な場合はファイルを検索する222ページの方法と組み合わせて利用しましょう。

▼プログラム

```
Sub sample096()
  Dim oldPath As String
  oldPath = "C:¥Sample¥ex¥096.xlsx"
  Dim newPath As String
  newPath = "C:¥Sample¥ex¥096_copy.xlsx"
  FileCopy oldPath, newPath
End Sub
```

ファイルをコピー

実行結果

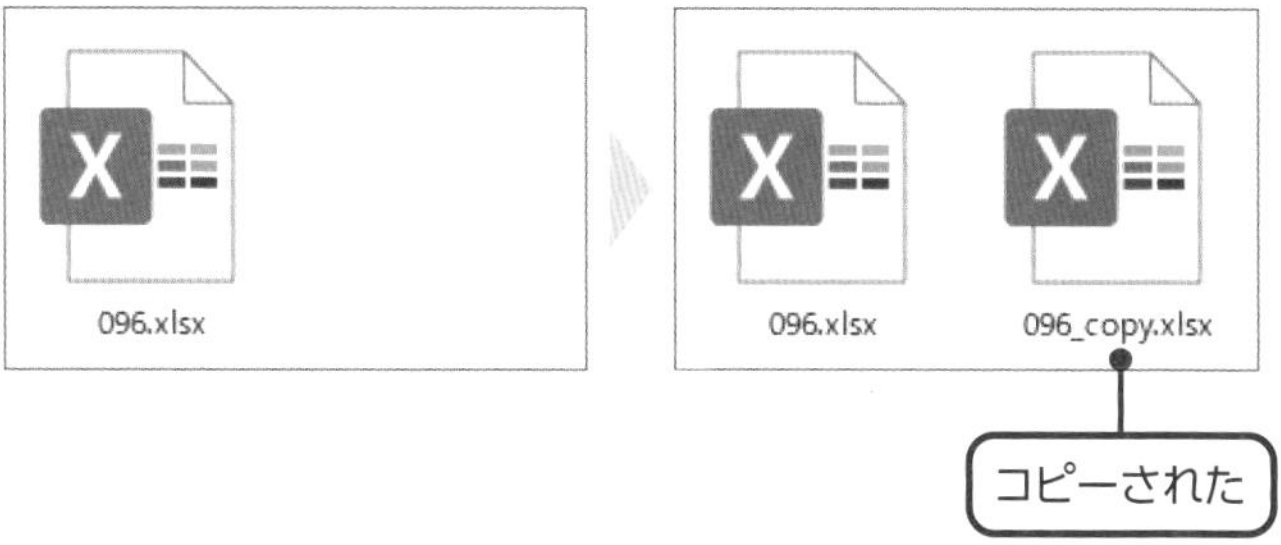

ここをコピって書き換えよう

```
oldPath = "C:¥Sample¥ex¥096.xlsx"
newPath = "C:¥Sample¥ex¥096_copy.xlsx"
```

コピー元のパス: "C:¥Sample¥ex¥096.xlsx"

コピー後のパス: "C:¥Sample¥ex¥096_copy.xlsx"

One Point

➔ コピー前後のファイルの拡張子は必ず同じにしましょう。

Section 097

ファイルやフォルダの名前の変更

パスの変更でリネームや移動ができる

定期的に別の場所から取得してくるデータが、「ダウンロード」フォルダなどのいつも同じ場所に同じ名前で格納されているなら、それを任意の名前に変更して別の場所に移動させる作業を自動化すると便利です。

VBAでは、**「Name "変更前のパス" As "変更後のパス"」と書くことでファイル名の名前を変更**することができます。フォルダのパスを指定すれば、フォルダ名の変更も可能です。

この命令の便利なところは、名前の変更だけでなくパス部分を変更することで、フォルダの移動もできる点です。ファイル名をそのままでフォルダ移動のみ行うこともできますし、ファイル名の変更と移動を同時に行うことも可能です。

なお、開いているファイルに対してこのプログラムを実行するとエラーになってしまうので、対象のファイルは閉じた状態で実行してください。

▼プログラム

```
Sub sample097()
  Dim oldPath As String
  oldPath = "C:¥Sample¥ex¥097_old.xlsx"
  Dim newPath As String
  newPath = "C:¥Sample¥ex¥097_new.xlsx"
  Name oldPath As newPath
End Sub
```

ファイル名変更

実行結果

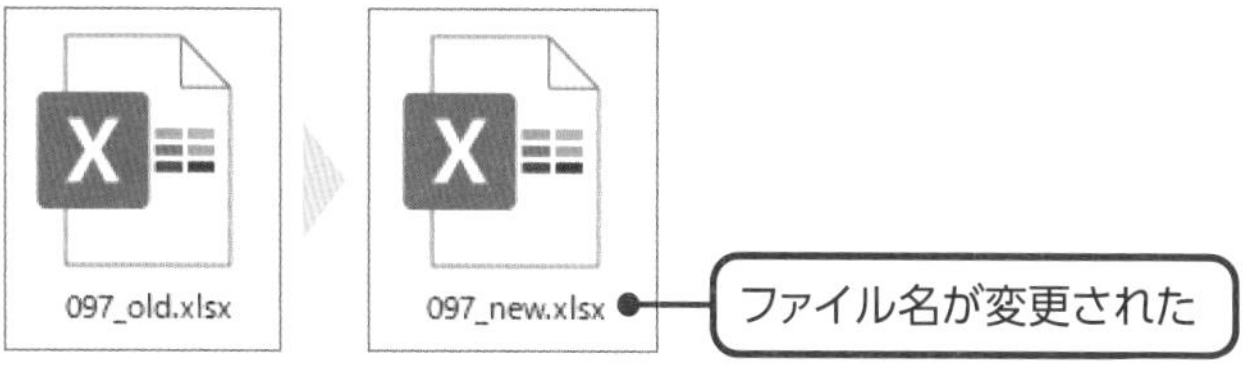

ここをコピって書き換えよう

変更前のパス

```
oldPath = "C:¥Sample¥ex¥097_old.xlsx"

newPath = "C:¥Sample¥ex¥097_new.xlsx"
```

変更後のパス

One Point

➔ 変更前後で別のフォルダを指定すると、ファイルの移動を行うことができます。移動の場合、ファイル名は拡張子も含めて必ず同じにしてください。

Section 098

ファイルやフォルダの検索

新規作成やコピー前の存在チェックに

指定のフォルダやファイルがすでに存在しているかどうか知りたい、という場面で使えるのが「ファイルやフォルダの検索」です。これを利用すれば、フォルダが存在しない場合のみフォルダ作成することでエラー回避ができますし、ファイルのコピーなどで該当ファイルが存在する場合は、上書き確認のメッセージを出す、などの使い方ができます。

ファイルやフォルダの検索は「Dir(パス, 種類)」を使います。指定のパスが存在すればそのファイル名やフォルダ名が、存在しなければ空白の文字列が返ってきます。利用する場合、If の条件文で Dir の結果が「=""」(空白)なら存在しない、「<>""」(空白じゃない)なら存在する、という判定を行うとよいでしょう。

なお、「Dir(パス, 種類)」の「種類」部分の規定値は「vbNormal」です。規定値は「何も書かれていない場合に適用される値」なので、ファイルを検索したい場合は「Dir(パス)」と省略して書くこともできます。

▼プログラム

```
Sub sample098()
  Dim filePath As String
  filePath = "C:¥Sample¥ex¥098_2.xlsx"
  If Dir(filePath, vbNormal) = "" Then
    MsgBox "このファイルは存在しません"
  End If
End Sub
```

実行結果

ここをコピって書き換えよう

```
filePath = "C:¥Sample¥ex¥098_2.xlsx"

If Dir(filePath, vbNormal) = "" Then
```

"C:¥Sample¥ex¥098_2.xlsx"：検索したいファイルのパスまたはフォルダのパス

vbNormal：ファイル→vbNormal　フォルダ→vbDirectory

=：存在しない→ =　存在する→ <>

One Point

➔ ファイルやフォルダの新規作成の前に存在チェックをすることで、すでに存在しているファイルやフォルダを作成するエラーを回避できます。

Section 099

ファイルやフォルダの削除

削除の自動化で容量圧迫を防げる

VBAでファイルやフォルダの削除も可能です。バックアップとして特定のファイルを定期的に別ドライブにコピーしている場合などでは、そのままだと増え続ける一方で容量を圧迫してしまうので、条件を設定して古いファイルを消していくのがよいでしょう。削除の条件としては、「ファイルの個数が指定の数を超えたら」や、「○ヶ月よりも前の日付のもの」、単純に「1つ増えたら古いものから1つ消す」などでもよいと思います。

「Kill」は単体ファイルを、「RmDir」は空のフォルダを削除します。中身の入っているフォルダはワンポイントに記述した方法で削除できます。いずれも確認メッセージは表示されませんので、途中でストップせずにプログラムを実行することができます。必要な場合は180ページの方法と組み合わせて利用しましょう。

なお、「Kill」でのファイルの削除は、xlsmやxlsxなどのExcelに関係したファイルだけでなく、テキストや画像などの一般的な拡張子のファイルも削除することができます。

▼プログラム

```
Sub sample099()
  Kill "C:¥Sample¥ex¥099.xlsx"
  RmDir "C:¥Sample¥ex¥099"
End Sub
```

ファイルを削除

フォルダを削除

実行結果

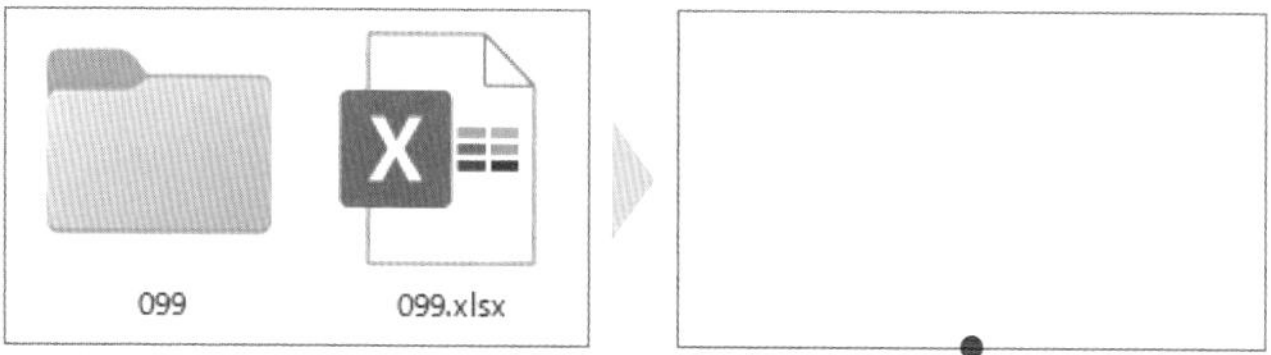

フォルダとファイルが削除された

ここをコピって書き換えよう

```
Kill "C:¥fileName.xlsx"
RmDir "C:¥folderName"
```

ファイルのパス

フォルダのパス

One Point

➡ 中身の入っているフォルダを削除する場合、以下のように書きます。

```
Dim fso As Object
Set fso = CreateObject("Scripting.FileSystemObject")
fso.DeleteFolder "C:¥folderName"
Set fso = Nothing
```

Section 100

別ブックからデータを転記する

●別ブックを開いて閉じるまでを自動化

別ブックからデータを転記してきて、情報を収集するという作業はかなり面倒ですよね。ブックを開いて、コピーして、ブックを切り替えてペーストして、またブックを切り替えてそちらを閉じて…、単純な作業ですが、数が多いとうんざりしてしまいます。**ブックを開くところから閉じるところまでの一連の作業を自動化**して時短しましょう。

左ページの例は、現在開いているブックのアクティブシートを「ws1」、新しく開くブックを「wb2」、wb2のaaaシートを「ws2」という変数に入れておいて、「ws1」のA1セルに「ws2」のA1セルの内容を転記し、最後に「wb2」ブックを閉じる、という内容になっています。紙面が限られているので転記部分は7行目だけですが、実務では「ws2」には一覧表などがあると想定されて、表を繰り返し処理でチェックしながら特定の日付やIDのものだけ転記する、といった使い方ができると便利です。

▼プログラム

```
Sub sample100()
  Dim ws1 As Worksheet: Set ws1 = ThisWorkbook.ActiveSheet
  Dim wb2 As Workbook
  Set wb2 = Workbooks.Open _
  (Filename:="C:¥Sample¥ex¥100.xlsx", ReadOnly:=True)
  Dim ws2 As Worksheet: Set ws2 = wb2.Sheets("aaa")
  ws1.Range("A1").Value = ws2.Range("A1").Value
  wb2.Close
End Sub
```

現在のシートを変数へ

転記元ブックを読み取り専用で開く

転記元シートを指定

転記

転記元ブックを閉じる

実行結果

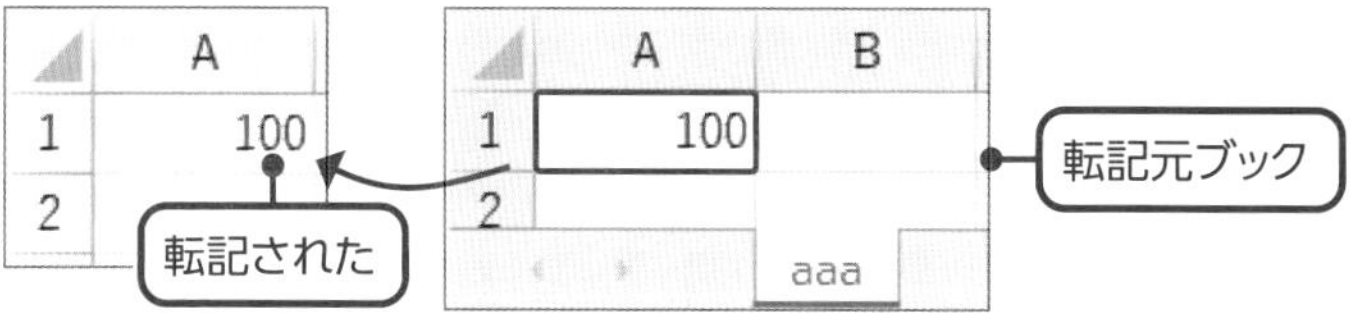

ここをコピって書き換えよう

```
Filename:="C:¥Sample¥ex¥100.xlsx"
wb2.Sheets("aaa")
ws1.Range("A1").Value = ws2.Range("A1").Value
```

転記元のブック名

転記元のシート名

転記先のセル

転記元のセル

One Point

7行目が転記部分です。ここへCells、For-Next、Ifの条件分岐を応用すると、転記できる内容の幅が広がります。

Column

ジェネラルプロシージャと
イベントプロシージャ

標準モジュールに書いたプロシージャはジェネラル（標準）プロシージャと呼ばれ、自分から実行しないと動きません。

対して210ページのように、シートやブックを持つモジュール（オブジェクトモジュール）に、「Worksheet_Change」（シートが変更されたとき）や「Workbook_Open」（ブックが開いたとき）のような決まった名前で書かれたプロシージャを、イベントプロシージャと呼びます。イベントプロシージャは、そのイベントが起きたときに自動的に実行されます。

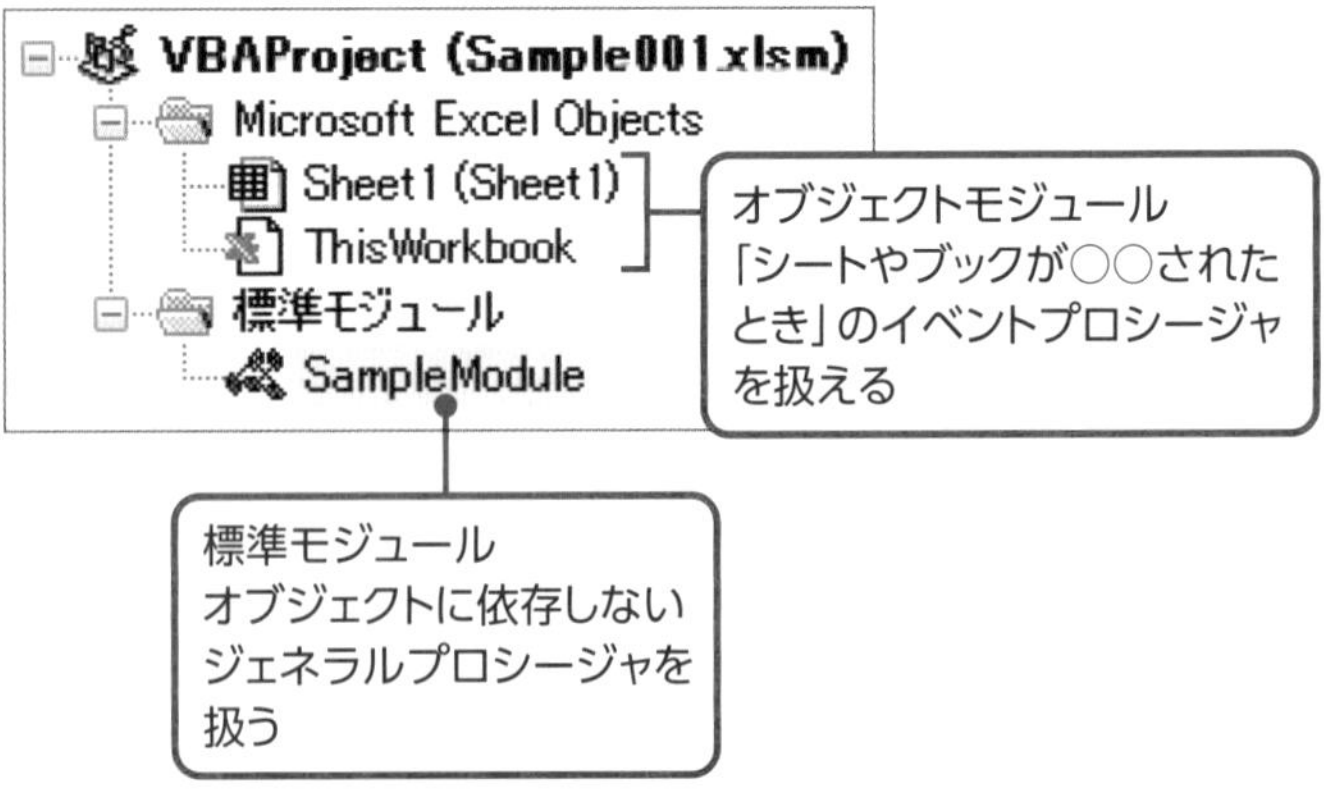

Appendix

A

サンプルファイルの使い方

Section A1

サンプルファイルの開き方

圧縮ファイルをCドライブへ展開して使おう

本書で解説しているサンプルはすべて、左ページのＵＲＬよりダウンロードできます。ダウンロードした「Sample.zip」ファイルを右クリックして「すべて展開」を選択して、展開先にCドライブ（「C:¥」）を指定してください。Cドライブに「Sample」フォルダーが作成され、その中に「ChapterXX」（XXは章番号）フォルダーが並んでいれば成功です。

「ex」フォルダーは、プログラムの実行中に、別のファイルを扱う際に利用するフォルダーです。たとえば、画像の読み込み、ファイルの書き出しなどで別ファイルを利用するサンプルプログラムでは、「C:¥Sample¥ex」フォルダーを使います。

なお、「C:¥」と違うフォルダーへサンプルファイルを展開した場合、サンプルプログラム内で「C:¥Sample¥ex」と書かれている部分を、展開したフォルダーのパスに書き換えてください。そうしないと、正しく動作しないので、注意してください。

ダウンロードと展開

https://gihyo.jp/book/2023/978-4-297-13312-2/support

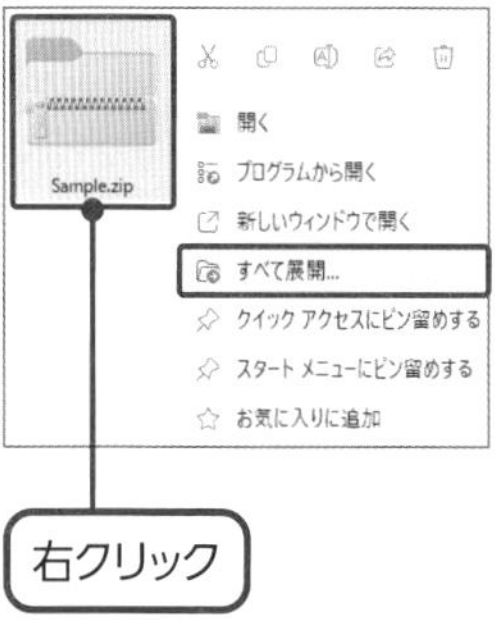

※Windows 11より前のバージョンでは、「展開」が「解凍」と表現されています。

フォルダー階層

- 「Sample」フォルダー
  - 「Chapter1」フォルダー
    - Sample001.xlsm
    - Sample002.xlsm
    - :
  - 「Chapter2」フォルダー
  - 「Chapter3」フォルダー
  - :
  - 「Chapter9」フォルダー
    - Sample087.xlsm
    - Sample088.xlsm
    - :
    - Sample100.xlsm
  - 「ex」フォルダー

Section A2

セキュリティリスクのメッセージバー

サンプルファイルをダウンロードしてCドライブ（「C:¥」）に展開が完了したあとでファイルを開くとセキュリティリスクのメッセージバーが表示されることがあります。セキュリティリスクを回避するには、Excelを起動して「ファイル」タブの「オプション」を選択して「Excelのオプション」を表示します。

「Excelのオプション」の左側で「トラストセンター」を選択し、「トラストセンターの設定」をクリックします。すると、「トラストセンター」が開くので、「新しい場所の追加」を選択して、開いた「Microsoft Officeの信頼する場所」の「パス」に「C:¥Sample」を指定します。またこの際、「この場所のサブフォルダーも信頼する」のチェックを「オン」にするのを忘れないでください。

「信頼できる場所」に「C:¥Sample¥」が追加されれば、サンプルファイルを利用できます。

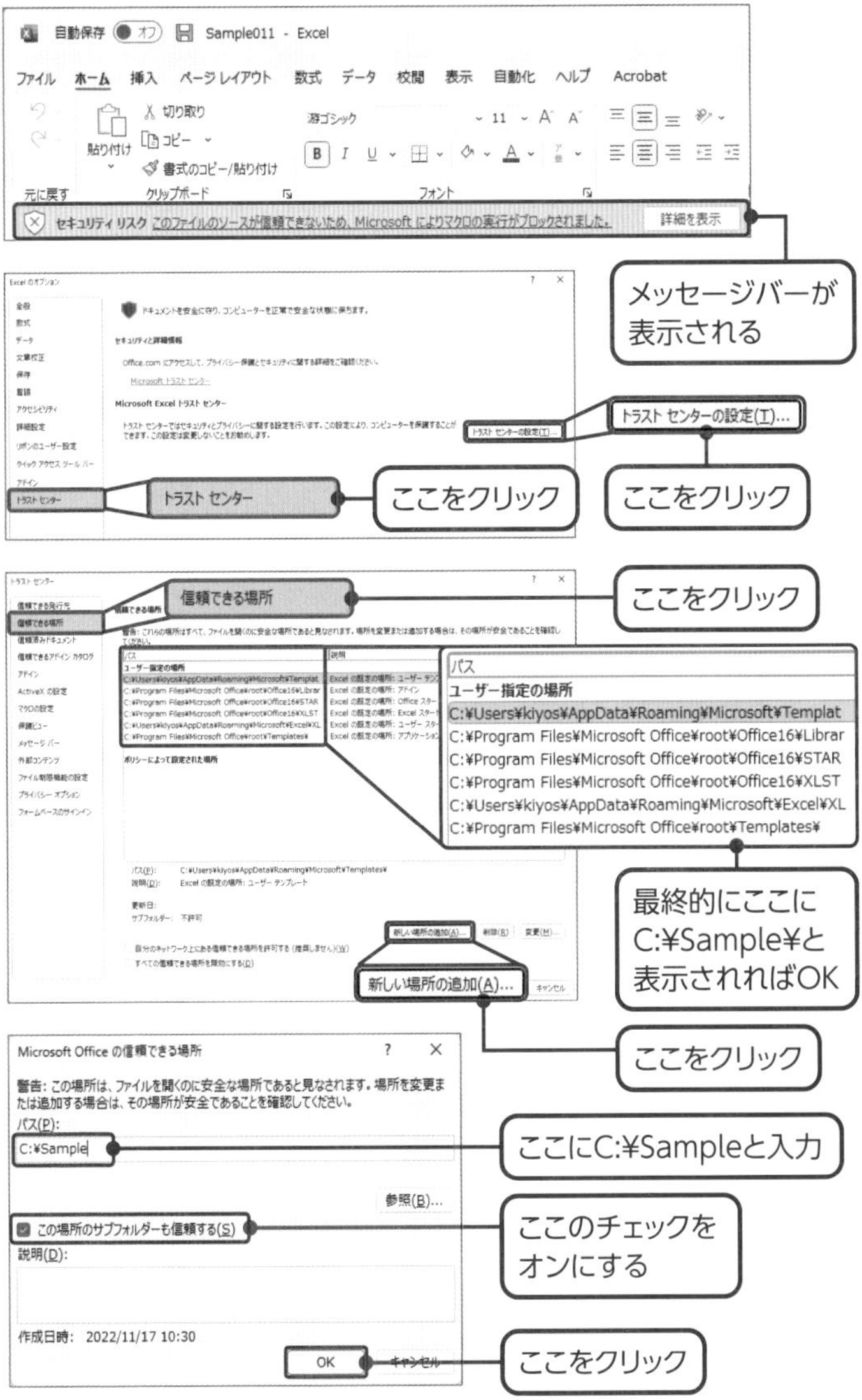
自動保存 オフ Sample011 - Excel
ファイル ホーム 挿入 ページレイアウト 数式 データ 校閲 表示 自動化 ヘルプ Acrobat
セキュリティ リスク このファイルのソースが信頼できないため、Microsoft によりマクロの実行がブロックされました。 詳細を表示
メッセージバーが表示される
トラスト センターの設定(T)...
ここをクリック
トラスト センター
ここをクリック
信頼できる場所
ここをクリック
パス
ユーザー指定の場所
C:¥Users¥kiyos¥AppData¥Roaming¥Microsoft¥Templat
C:¥Program Files¥Microsoft Office¥root¥Office16¥Librar
C:¥Program Files¥Microsoft Office¥root¥Office16¥STAR
C:¥Program Files¥Microsoft Office¥root¥Office16¥XLST
C:¥Users¥kiyos¥AppData¥Roaming¥Microsoft¥Excel¥XL
C:¥Program Files¥Microsoft Office¥root¥Templates¥
最終的にここにC:¥Sample¥と表示されればOK
新しい場所の追加(A)...
ここをクリック
Microsoft Office の信頼できる場所
警告: この場所は、ファイルを開くのに安全な場所であると見なされます。場所を変更または追加する場合は、その場所が安全であることを確認してください。
パス(P):
C:¥Sample
ここにC:¥Sampleと入力
参照(B)...
この場所のサブフォルダーも信頼する(S)
ここのチェックをオンにする
説明(D):
作成日時: 2022/11/17 10:30
OK
キャンセル
ここをクリック

Section A3

Visual Basic Editorの使い方

●Excelでプログラミングをする画面

Excelは、通常使う画面とは別にプログラミングをするための専用の画面を持っています。**Visual Basic Editor（VBE）**という名前の編集ツールで、リボンの「開発」タブの「Visual Basic」（または Alt ＋ F11 キー）で開くことができます。

「開発」タブが表示されていない場合、「ファイル」の「オプション」で「リボンのユーザー設定」を開き、右側の「開発」にチェックを入れてください。

ＶＢＥでは、「モジュール」と呼ばれる土台に「プロシージャ」というプログラムのまとまりを作り、その中にＶＢＡ（命令文）を書きます。

ＶＢＡは原則、半角英数字で書き、半角と全角、大文字や小文字など細かな違いも区別されます。スペースや記号類など半角全角の見分けがつきにくい文字は多いので、日本語表記が必要な部分以外は、半角英数字での入力を心がけましょう。

モジュールを新しく作成する場合、「挿入」の「標準モジュール」から挿入します。

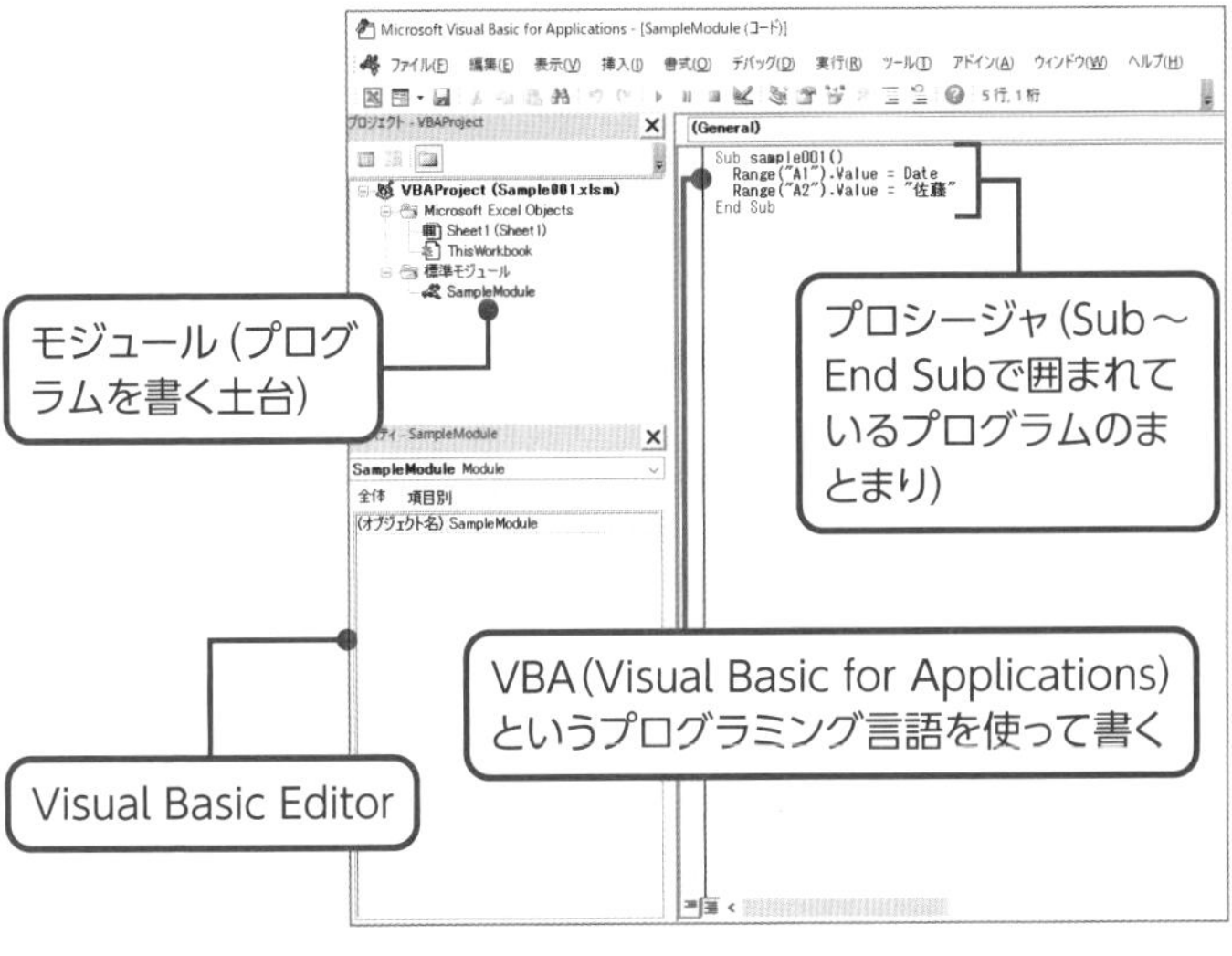

Section A4

プロシージャの実行方法

状況によって使いやすい実行方法を選択しよう

作成したプログラムは、Excelの画面からでも、VBEからでも実行することができます。Excel画面から実行する場合、「開発」タブの「マクロ」（Alt＋F8キー）を押すと、現在実行可能なプロシージャの一覧が表示されます。プログラムを実行するには、実行したいプロシージャを選択して右上の「実行」ボタンを押します。完成しているプログラムを利用する場合、VBEを開かずに実行できるこちらの方法が便利です。

VBEから実行する場合、カーソルが実行したいプロシージャの中に入っている状態で、ツールバーの「実行」ボタン、またはF5キーで実行します。VBEからの実行は、作成途中のプログラムの動作確認をする場合に便利です。

また、プロシージャ内でF8キーを押すと1行ずつ実行され、検証作業にとても便利です。黄色くハイライトされる行が、「これから実行される行」です。もう一度F8キーを押すと、現在の行が実行されて、次の行を実行する直前で一時停止します。

Excel画面から

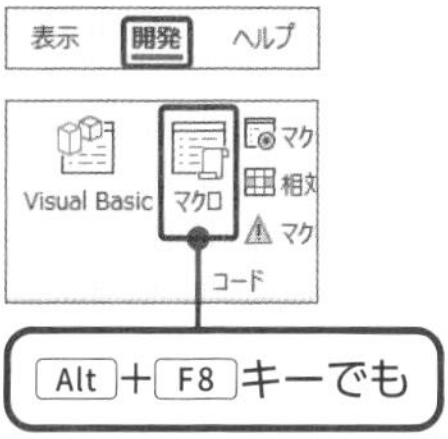

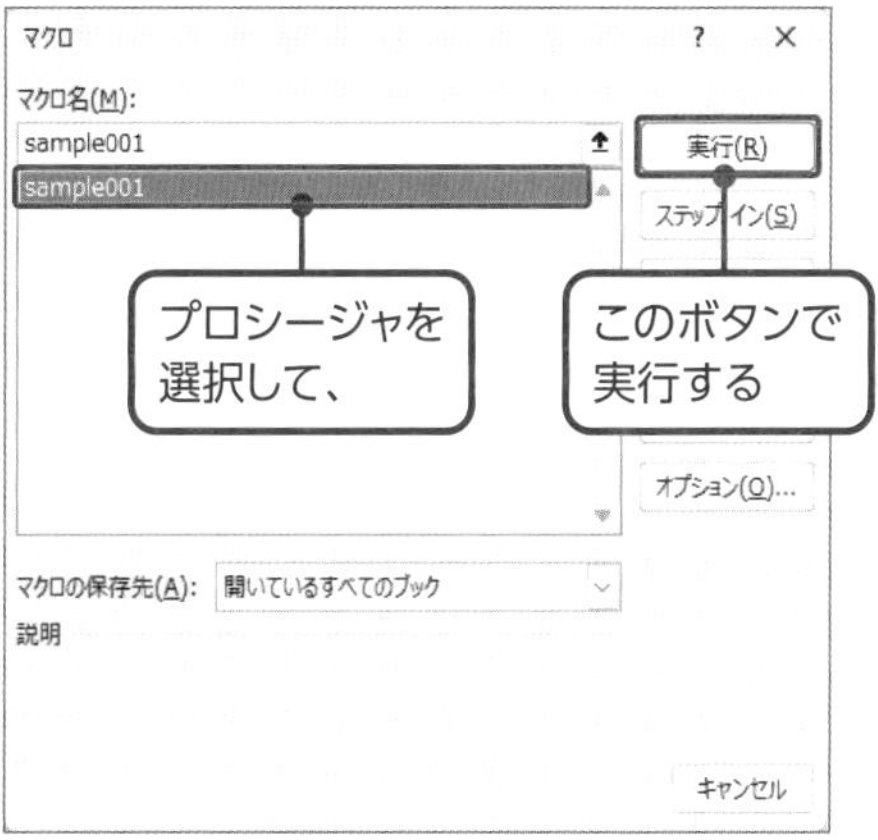

VBE画面から

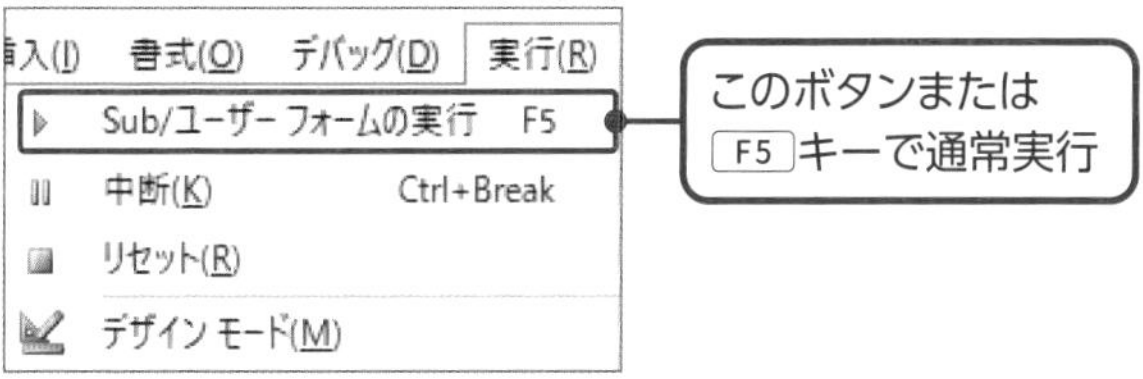

VBEで実行するときは、カーソルが該当のプロシージャの中に入っている状態で F5 や F8 キーを押します。

索引

スピードマスター
エクセル自動化《じどうか》VBA《ブイビーエー》サンプル100
コピってイジってすぐ使《つか》える

2023年　2月18日　初　版　第1刷発行

著者　今村《いまむら》ゆうこ
発行者　片岡　巌
発行所　株式会社技術評論社
東京都新宿区市谷左内町21-13
電話　03-3513-6150　販売促進部
03-3513-6160　書籍編集部
印刷／製本　株式会社　加藤文明社

ISBN978-4-297-13312-2 C3055
Printed in Japan

装丁／本文デザイン
クオルデザイン　坂本真一郎
カバーイラスト
サカモトアキコ
DTP
SeaGrape
編集
土井清志
お問い合わせページ
https://book.gihyo.jp/116

お問い合わせについて
本書の内容に関するご質問は、下記の宛先までFAXまたは書面にてお送りください。電話によるご質問、及び本書に記載されている内容以外の事柄に関するご質問にはお答えできかねます。あらかじめご了承ください。

〒162-0846
東京都新宿区市谷左内町21-13
株式会社技術評論社　書籍編集部
「スピードマスター　エクセル自動化VBAサンプル100　コピってイジってすぐ使える」質問係
FAX番号　03-3513-6167

なお、ご質問の際に記載いただいた個人情報は、ご質問の返答以外の目的には使用いたしません。また、ご質問の返答後は速やかに破棄させていただきます。